조선총독부 편찬

초등학교 〈地理〉교과서 번역 (上)

김순전 · 박경수 · 사희영 譯

Publishing Company

1932년 『初等地理書』 卷一

初等地理書

卷一

朝鮮總督府

1933년 『初等地理書』 卷二

初等地理書

卷二

朝鮮總督府

≪총목차≫

〈권2〉(1933)

<序 文>

1. 조선총독부 편찬 초등학교 <地理>교과서 번역서 발간의 의의

본서는 일제강점기 조선총독부에 의해 편찬된 관공립 초등학교용 <地理>교과서 『初等地理書』卷一・二(1932-33, 2권), 『初等地理』第五・六學年(1944) 등 총 4권에 대한 번역서이다.

교과서는 국민교육의 정수(精髓)로, 한 나라의 역사진행과 불가분의 관계성을 지니고 있기에 그 시대 교과서 입안자의 의도는 물론이려니와 그 교과서로 교육받은 세대(世代)가 어떠한 비전을 가지고 새 역사를 만들어가려 하였는지를 알아낼 수 있다.

주지하다시피 한국의 근대는 일제강점을 전후한 시기와 중첩되어 있었는데, 그 관계가 '국가 對 국가'이기보다는 '식민국 對 식민지'라는 일종의 수직적 관계였기에 정치, 경제, 사회, 문화, 교육에 이르기까지 일제의 영향을 배제하고는 생각하기 어렵다.

이는 교육부문에서 두드러진 현상으로 나타난다. 근대교육의 여명기에서부터 일본의 간섭이 시작되었던 탓에 한국의 근대교육은 채 뿌리를 내리기도 전에 일본의 교육시스템을 받아들이게 되었고, 이후 해방을 맞기까지 모든 교육정책과 공교육을 위한 교과서까지도 일제가 주도한 교육법령에 의해 강제 시행되게 되었다. 그런 까닭에 일제강점기 공교육의 기반이 되었던 교과서를 일일이 찾아내어 새로이 원문을 구축하고 이를 출판하는 작업은 '敎育은 百年之大系'라는 생각으로 공교육을 계획하는 국가 교육적 측면에서도 매우 중차대한 일이라 여겨진다. 이야말로 근대 초등교과과정의 진행과 일제의 식민지교육정책에 대한 실체를 가장 적확하게 파악할 수 있는 기반이 될 뿐만 아니라, 현 시점에서 보다 나은 시각으로 역사관을 구명할 수 있는 기초자료가 될 수 있기 때문이다.

지금까지 우리는 "일본이 조선에서 어떻게 했다"는 개괄적인 것은 수없이 들어왔으나, "일본이 조선에서 이렇게 했다"는 실제를 보여준 적은 지극히 드물었다. 이는 '먼 곳에 서서 숲만 보여주었을 뿐, 정작 보아야 할 숲의 실체는 보여주지 못했다.' 는 비유와도 상통한다. 때문에 본 집필진은 이미 수년전부터 한국역사상 교육적 식민지 기간이었던 일제강점기 초등교과서의 발굴과 이의 복원 정리 및 연구에 진력해 왔다. 가장 먼저 한일 <修身>교과서 58권(J:30권, K:28권) 전권에 대한 원문서와 번역서를 출간하였고, <國語(일본어)>교과서 72권 전권에 대한 원문서와 번역서의 출간을 지속적으로 진행하고 있는 중에 있다. 또한 <唱歌>교과서의 경우 19권 전권을 원문과 번역문을 함께 살펴볼 수 있도록 대조번역서로 출간하였으며, <地理>교과서도 원문서는 얼마 전에 출간한 바 있다. 또한 이들 교과서에 대한 집중연구의 결과는 이미 연구서로 출간되어 있는 상태이다.

일제강점기 조선의 초등학교에서 사용되었던 <地理>교과서 원문서 발간은 이러한 작업의 일환에서 진행된 또 하나의 성과이다. 본 원문서 발간의 필연성은 여타의 교과서와는 다른 <地理>교과서의 교육적 효과, 즉 당시의 사회상을 통계와 실측에 기초한 각종 이미지 자료를 활용하여 보다 실증적인 교육전략을 구사하고 있기에 그 의의를 더한다.

한국이 일본에 강제 병합된 지 어언 100년이 지나버린 오늘날, 그 시대를 살아온 선인들이 유명을 달리하게 됨에 따라 과

거 민족의 빼아팠던 기억은 갈수록 희미해져 가고 있다. 국가의 밝은 미래를 그려보기 위해서는 힘들고 어려웠던 지난날의 고빗길을 하나하나 되짚어 보는 작업이 선행되어야 하지만, 현실은 급변하는 세계정세를 따르는데 급급하여 이러한 작업은 부차적인 문제로 취급되고 있는 실정이다. 과거를 부정하는 미래를 생각할 수 없기에 이러한 작업이 무엇보다도 우선시되어야 할 필연성을 절감하지 않을 수 없는 것이다.

최근 일본 정치권에서는 제국시절 만연했던 국가주의를 애국심으로 환원하여 갖가지 전략을 구사하고 있다. 물론 과거의 침략전쟁에 대한 비판의 목소리도 있긴 하지만, 현 일본 정치권의 이같은 자세에 대해 더더욱 실증적인 자료 제시의 필요성을 느낀다.

이에 본 집필진은 일제강점기 조선인 학습자에게 시행되었던 <地理>교과서 중 가장 특징적인 <地理>교과서 4冊을 번역 출간함으로써, 한국인 누구나가 당시 <地理>교육의 실상을 살펴볼 수 있는 실증적 자료제시와 더불어 관련연구의 필수적 기반으로 삼고자 하는 것이다.

2. 일제강점기 지리교육의 전개와 <地理>교과서

1) 식민지 지리교육의 전개

한국 근대교육의 교과목에 공식적으로 <歷史>와 함께 <地理>가 편제된 것은 1906년 8월 공포된 <보통학교령> 제6조의 "普通學校 教科目은 修身, 國語 및 漢文, 日語, 算術, 地理, 歷史, 理科, 圖畵, 體操로 한다. 여자에게는 手藝를 가한다."(勅令 제44호)는 조항에 의한다. 그러나 <보통학교규칙>제9조 7항을 보면 "地理歷史ᄂᆞᆫ特別ᄒᆞᆫ時間을定치아니ᄒᆞ고國語讀本及日語讀本에所載한바로教授ᄒᆞᄂᆞ니故로讀本中此等教授教材에關교ᄒᆞ야ᄂᆞᆫ特히反復丁寧히設明ᄒᆞ야學徒의記憶을明確히ᄒᆞᆷ을務.ᄒᆞᆷ이라."고 되어있어, 별도의 시수 배정이나 교과서 편찬은 하지 않고 國語(일본어) 과목에 포함시켜 교육하고 있었음을 말해준다.

이러한 시스템은 강점이후로 그대로 이어졌다. 한국을 강제 병합한 일본은 한반도를 일본제국의 한 지역으로 인식시키기 위하여 '大韓帝國'을 '朝鮮'으로 개칭(改稱)하였다. 그리고 제국주의 식민지 정책 기관으로 '조선총독부'를 설치한 후, 초대총독으로 데라우치 마사타케(寺內正毅, 이하 데라우치)를 임명하여 원활한 식민지경영을 위한 조선인의 교화에 착수하였다. 이를 위하여 무엇보다도 역점을 둔 정책은 식민지 초등교육이었다. 1911년 8월 공포된 <조선교육령> 全文 三十條는 데라우치의 조선인교육에 관한 근본방침이 그대로 담고 있는데, 그 요지는 '일본인 자제에게는 학술, 기예의 교육을 받게 하여 국가융성의 주체가 되게 하고, 조선인 자제에게는 덕성의 함양과 근검을 훈육하여 충량한 국민으로 양성해 나가는 것'이었다. 교과서의 편찬도 이의 취지에 따라 시도되었다.

그러나 강점초기 <地理> 및 <歷史>과목은 이전과는 달리 교과목 편제조차 하지 않았다. 당시 4년제였던 보통학교의 학제와 관련지어 5, 6학년에 배정된 역사, 지리과목을 설치할 수 없다는 표면적인 이유에서였지만, 그보다는 강점초기 데라우치가 목적했던 조선인교육방침, 즉 "덕성의 함양과 근검을 훈육하여 충량한 국민으로 양성"해 가는데 <地理>과목은 필수불가결한 과목에 포함되지 않았다는 의미에서였을 것이다. <地理>에 관련된 내용이나 변해가는 지지(地誌)의 변화 등 지극히 일반적인 내용이나 국시에 따른 개괄적인 사항은 일본어교과서인 『國語讀本』에 부과하여 학습

하도록 규정하고 있었기에, 좀 더 심화된 <地理>교과서 발간의 필요성이 요구되지 않았던 까닭으로 보인다.

일제강점기 초등교육과정에서 독립된 교과목과 교과서에 의한 본격적인 지리교육은 <3·1운동> 이후 문화정치로 선회하면서부터 시작되었다. 보통학교 학제를 내지(일본)와 동일하게 6년제로 적용하게 되면서 비로소 5, 6학년과정에 <國史(일본사)>와 함께 주당 2시간씩 배정 시행되게 된 것이다. 이러한 사항은 1922년 <제2차 교육령> 공포에 의하여 법적 근거가 마련되게 되었다. 이후의 <地理>교육은 식민지교육정책 변화에 따른 교육법령의 개정과 함께 <地理>과 교수요지도 변화하게 된다. 그 변화 사항을 <표 1>로 정리해보았다.

<표 1> 교육령 시기별 <地理>과 교수 요지

시 기	법 적 근 거	내 용
2차 교육령 (1922.2.4)	보통학교규정 14조 조선총독부령 제8호 (동년 2.20)	- 지리는 지구의 표면 및 인류생활의 상태에 관한 지식 일반을 가르치며, 또한 우리나라(일본) 국세의 대요를 이해하도록 하여 애국심을 기르는데 기여하는 것을 요지로 한다. - 지리는 우리나라(일본)의 지세, 기후, 구획, 도회(都會), 산물, 교통 등과 함께 지구의 형상, 운동 등을 가르치도록 한다. 또한 조선에 관한 사항을 상세하게 하도록 하며, 만주지리의 대요를 가르치고, 동시에 우리나라(일본)와의 관계에서 중요한 여러 국가들의 지리에 대해 간단한 지식을 가르치도록 한다. - 지리를 가르칠 때는 도리 수 있는 한 실제 지세의 관찰에 기초하며, 또한 지구본, 지도, 표본, 사진 등을 제시하여 확실한 지식을 가지도록 한다. 특히 역사 및 이과의 교수사항과 서로 연계할 수 있도록 한다.
3차 교육령 (1938.3.3)	소학교규정 21 조선총독부령 제24호 (동년 3.15)	- 지리는 자연 및 인류생활의 정태에 대해서 개략적으로 가르쳐서 우리 국세의 대요와 여러 외국의 상태 일반을 알게 하야 우리나라의 지위를 이해시킨다, 이를 통해서 애국심을 양성하고 국민의 진위발전의 지조와 기상을 기르는 데에도 기여하도록 한다. - 심상소학교에서는 향토의 실세로부터 시작하여 우리나라의 지세, 기후, 구획, 도회, 산물, 교통 등과 함께 지구의 형상, 운동 등의 대요를 가르친다, 또한 만주 및 중국 지리의 대요를 알게 하며, 동시에 우리나라와 밀접한 관계를 유지하는 여러 외국에 관한 간단한 지식을 가르치고 이를 우리나라(일본)와 비교하도록 한다. - 고등소학교에서는 각 대주(大洲)의 지세, 기후, 구획, 교통 등의 개략에서 나아가 우리나라와 밀접한 관계를 가지는 여러 외국의 지리 대요 및 우

		리나라의 정치 경제적인 상태, 그리고 외국에 대한 지위 등의 대요를 알게 한다, 또한 지리학 일반에 대해서도 가르쳐야 한다. - 지리를 가르칠 때는 항상 교재의 이동에 유의하여 적절한 지식을 제공하고, 또한 재외 거주 동포들의 활동상황을 알게 해서 해외발전을 위한 정신을 양성하도록 해야 한다, - 지리를 가르칠 때는 될 수 있는 대로 실지의 관찰에 기초하며, 또한 지구의, 지도, 표본, 사진 등을 제시하여 확실한 지식을 가지도록 한다. 특히 역사 및 이과의 교구사항과 서로 연계할 수 있도록 한다.
국민학교령 (1941.3)과 4차교육령 (1943.3 8)	국민학교규정 7조 조선총독부령 第90호	- 국민과의 지리는 우리국토, 국세 및 여러 외국의 정세에 대해 이해시키도록 하며, 국토애호의 정신을 기르고 동아시아 및 세계 속에서 황국의 사명을 자각시키는 것으로 한다. - 초등과는 생활환경에 대한 지리적 관찰에서 시작하여 우리 국토 및 동아시아를 중심으로 하는 지리대요를 가르치며, 우리국토를 올바르게 인식시키고 다시 세계지리 및 우리 국세의 대요를 가르쳐야 한다. - 자연과 생활과의 관계를 구체적으로 고찰하도록 하며, 특히 우리 국민생활의 특질을 분명하게 밝히도록 한다. - 대륙전진기지로서 조선의 지위와 사명을 확인시켜야 한다. - 재외국민의 활동상황을 알도록 해서 세계웅비의 정신을 함양하는데 힘써야 한다 - 간이한 지형도, 모형 제작 등 적당한 지리적 작업을 부과해야 한다. - 지도, 모형, 도표, 표본, 사진, 회화, 영화 등은 힘써 이를 이용하여 구체적, 직관적으로 습득할 수 있도록 해야 한다. - 항상 독도력의 향상에 힘써 소풍, 여행 기타 적당한 기회에 이에 대한 실지 지도를 해야 한다.

위의 교육령 시기별 <地理>과 교수요지의 중점사항을 살펴보면, <2차 교육령> 시기는 지리교육 본연의 목적인 "지구의 표면 및 인류생활의 상태에 관한 지식 일반"과 함께 "국세의 대요 이해"와 "애국심 앙양"에, <3차 교육령> 시기에는 이에 더하여 "국민의 진위발전의 지조와 기상 육성", "해외발전을 위한 정신양성"에 중점을 두었다. 그리고 태평양전쟁을 앞두고 전시체제를 정비하기 위해 <국민학교령>을 공포 이후부터는 '修身' '國語' '歷史'과목과 함께 「國民科」에 포함되어 "국토애호정신의 함양", "황국의 사명 자각, 즉 대륙전진기지로서 조선의 지위와 사명의 확인"이라는 사항이 추가로 부과되어 <4차 교육령> 시기까지 이어진다. 식민지 <地理>교육은 각 시기별 교육법령 하에서 이러한 중점사항을 중심으로 전개되었다.

2) 일제강점기 <地理>교과서와 교수 시수

식민지 초등학교에서의 본격적인 <地理>교육은 1920년대부터 시행되었다. 그러나 당시는 교과서가 준비되지 않았기에, 일본 문부성에서 발간한 교재와 2권의 보충교재로 교육되었다. 다음은 일제강점기 <地理>교과서 발간사항이다.

<표 2> 조선총독부 <地理>교과서 편찬 사항

No	교 과 서 명	발행년도	분량	가격	사용시기	비 고
①	尋常小學地理補充教材	1920	44	10錢	1920~1922	일본 문부성 편찬 『尋常小學地理』 上·下를 주로하고 조선 관련사항만 이 보충교재로 사용함.
②	普通學校地理補充教材 全	1923	32	10錢	1923~1931	
③	**初等地理書 卷一**	**1932**	**134**	**18錢**	**1931~1936**	**조선총독부 발간 첫 지리교과서 (2차 교육령 보통학교규정 반영)**
	初等地理書 卷二	**1933**	**190**	**20錢**		
④	初等地理 卷一	1937	143	17錢	1937~1939	부분개정
	初等地理 卷二	1937	196	19錢		
⑤	初等地理 卷一	1940	151	19錢	1940~1942	" (3차 교육령 반영)
	初等地理 卷二	1941	219	24錢		
⑥	初等地理 卷一	1942	151	24錢	1942~1943	" (국민학교령 반영)
	初等地理 卷二	1943	152	24錢		
⑦	**初等地理 第五學年**	**1944**	**158**	**29錢**	**1944~1945**	**전면개편 (4차 교육령 반영)**
	初等地理 第六學年	**1944**	**159**	**28錢**		

<표 2>에서 보듯 처음 <地理>교과서는 문부성 편찬의 일본교재인 『尋常小學地理』에, 조선지리 부분은 ①『尋常小學地理補充教材』(1920)와 ②『普通學校地理補充教材』(1923)가 사용되었다. 이후 근로애호, 흥업치산의 정신이 강조되면서 1927년 <보통학교규정>이 개정되고, 아울러 식민지 조선의 실정에 입각한 보통학교용 지리교과서 개발의 필요성이 제기됨에 따라 새롭게 편찬된 교과서가 ③『初

等地理書』卷一・卷二(1932~33)이다. 『初等地理書』卷一・卷二는 당시 학문으로서의 과학성보다는 교양으로서 실용성을 우위에 두었던 일본 지리교육계의 보편적 현상에 따라 일차적으로 지방구분하고 자연 및 인문의 항목 순으로 기술하는 정태(情態)적 구성방식을 취하였고, 내용면에서는 당시의 식민지 교육목적을 반영하였다. 이후 식민지기 조선에서 사용된 초등학교 <地理>교과서는 시세에 따른 교육법령과 이의 시행규칙에 의하여 위와 같이 부분 혹은 대폭 개정되게 된다.

1931년 9월 <만주사변>을 일으킨 일제는 이듬해인 1932년 만주국을 건설하고 급기야 중국본토를 정복할 목적으로 1937년 7월 <중일전쟁>을 개시하였다. 그리고 조선과 조선인의 전시동원을 목적으로 육군대장 출신 미나미 지로(南次郎)를 제7대 조선총독으로 임명하여 강력한 황민화정책을 시행코자 하였으며, 이의 법적장치로 '국체명징(國體明徵)', '내선일체', '인고단련(忍苦鍛鍊)' 등을 3대 강령으로 하는 <3차 교육령>을 공포(1938)하기에 이른다. 개정된 교육령에서 이전에 비해 눈에 띄게 변화된 점은 단연 교육기관 명칭의 개칭과 교과목의 편제이다. 기존의 '보통학교(普通學校)'를 '소학교(小學校)'로, '고등보통학교'를 '중학교(中學校)'로, '여자고등보통학교'를 '고등여학교(高等女學校)'로 개칭하였음이 그것이며, 교과목의 편제에 있어서도 '조선어'는 수의과목(선택과목)으로, '國語(일본어)', '國史(일본사)', '修身', '體育' 등의 과목은 한층 강화하였다. 이러한 취지가 ⑤『初等地理』卷一, 二(1940-41)에 그대로 반영되었다. 구성면에서는 국내지리는 종전의 방식을 이어간 반면, 세계지리의 경우 급변하는 세계정세를 반영하여 대폭 조정되었고, 내용면에서는 당시의 지리교육목적인 '대륙전진기지로서의 조선의 지위와 사명을 자각시키는 것'에 중점을 둔 기술방식으로의 전환이 특징적이다.

<중일전쟁>이 갈수록 확장되고, 유럽에서는 독일의 인근국가 침략으로 시작된 동구권의 전쟁에 영국과 프랑스가 개입하면서 <2차 세계대전>으로 확대되어갈 조짐이 드러나자, 급변하는 세계정세의 흐름에 대처하기 위한 방안으로 식민지 교육체제의 전면개편을 결정하고, 이를 <국민학교령>(1941.3)으로 공포하였다. 이에 따라 기존의 '小學校'를 전쟁에 참여할 국민양성을 목적한 '國民學校'로 개칭하였고, 교과목 체제도 합본적 성격의 「國民科」「理數科」「體鍊科」「藝能科」「實業科」 등 5개과로 전면 개편되었다. <修身> <國語> <國史>와 함께 <地理>과목이 속해 있는 「國民科」의 경우 "교육칙어의 취지를 받들어 皇國의 道를 수련(修練)하게 하고 國體에 대한 信念을 깊게 함"(국민학교령시행규칙 제1조)은 물론 "國體의 精華를 분명히 하여 國民精神을 함양하고, 皇國의 使命을 자각하게 하는 것"(동 규칙 제2조)을 요지로 하고 있으며, 이의 수업목표는 동 규칙 제3조에 다음과 같이 제시하였다.

> 國民科는 我國의 도덕, 언어, 역사, 국사, 국토, 國勢 등을 습득하도록 하며, 특히 國體의 淨化를 明白하게 하고 國民精神을 涵養하여 皇國의 使命을 自覺하도록 하여 忠君愛國의 志氣를 養成하는 것을 요지로 한다. 皇國에 태어난 것을 기쁘게 느끼고 敬神, 奉公의 眞意를 체득시키도록 할 것. 我國의 歷史, 國土가 우수한 국민성을 육성시키는 理致임을 알게 하고 我國文化의 特質을 明白하게 하여 그것의 創造와 發展에 힘쓰는 정신을 양성할 것. 타 교과와 서로 연결하여 정치, 경제, 국방, 해양 등에 관한 사항의 敎授에 유의 할 것."[1]

이 시기 개정 발간된 ⑥『初等地理』卷一・二(1943-43)는 교과서의

1) <國民學校規正> 제3조, 1941.3.31

전면 개편과정 중에 소폭 개정한 임시방편의 교과서로, 종전의 방식을 유지하는 가운데 이러한 취지와 국세의 변화사항을 반영하고 있어 과도기적 교과서라 할 수 있다.

태평양전쟁이 고조되고 전세가 점점 불리해짐에 따라 모든 교육제도와 교육과정의 전시체제 강화를 절감하고 <4차 교육령>을 공포되기에 이른다. 그 취지는 말할 것도 없이 '전시적응을 위한 국민연성(國民練成)'이었으며, 당시 총독 고이소 구니아키가 밝혔듯이 "國家의 決戰體制下에서 특히 徵兵制 及 義務敎育制度를 앞두고 劃期的인 刷新을 도모할 必要"[2]에 의한 것이었다.

조선아동의 전시적응을 위해 전면 개편된 ⑦『初等地理』五・六學年用(1955)의 획기적인 변화로 꼽을 수 있는 것은 첫째, 구성면에서 지리구를 도쿄(東京)를 출발하는 간선철도에 따른 대(帶) 즉, 존(Zone)으로 구분한 점. 둘째, 내용기술면에서는 각각의 지역성과 지방색에 따른 테마를 항목으로 선정하여 기술한 점. 셋째, 표기와 표현 면에서는 대화와 동작을 유도하는 기술방식을 취한 점 등을 들 수 있겠다.

학습해야 할 분량과 가격의 변화도 간과할 수 없다. 먼저 분량을 살펴보면, 1932~33년 『初等地理書』가 324면(卷一134/卷二190)이었던 것이 1937년 『初等地理』는 339면(143/196)으로, 1940년 『初等地理』에 이르면 377면(158/219)으로 <3차 교육령>이 반영된 교과서까지는 개정 때마다 증가추세를 보여주고 있다. 이는 급변하는 세계정세에 따른 필수적 사항을 추가 반영하였던 까닭에 증가일로를 드러내고 있었던 것이다. 그러나 일정한 시수에 비해 갈수록 증가하는 학습 분량은 교사나 아동에게 상당한 부담이 되어 오히려 식민지 교육정책을 역행하는 결과를 초래하기까지 하였다. 더욱이

2) 朝鮮總督府(1943)「官報」제4852호(1943.4.7)

<국민학교령>(1941) 이후 시간당 수업시한이 40분으로 감축[3])된데다, 그나마 전시총동원 체제에 따른 물자부족이나 5, 6학년 아동의 학습 외의 필수적 활동 등을 고려하여 학습 분량을 대폭 축소하지 않으면 안 될 상황이 되었다. 1942~43년 발간 『初等地理』가 303면(151/152)으로 급격히 줄어든 까닭이 여기에 있다 하겠다. 교과서의 가격은 시기에 따라 소폭의 상승세로 나아가다가 1944년 발간된 『初等地理』五・六學年用에서 교과서 분량에 비해 대폭 인상된 면을 드러내고 있다. 이는 태평양전쟁 막바지로 갈수록 심화되는 물자부족에 가장 큰 원인이 있었을 것으로 보인다.

이어서 본 과목의 주당 교수시수이다.

<표 3> 각 교육령 시기별 주당 교수시수

시기 과목＼학년	제2차 조선교육령		제3차 조선교육령		<국민학교령> 과 제4차 조선교육령		
	5학년	6학년	6학년	6학년	4학년	5학년	6학년
지리	**2**	**2**	**2**	**2**	**1**	**2**	**2**
역사	2	2	2	2	1	2	2

앞서 언급하였듯이 식민지초등교육과정에서 <地理>과목은 <歷史>과와 더불어 1920년대 이후 공히 2시간씩 배정 시행되었다. 여기서 <4차 교육령>시기 4학년 과정에 별도의 교과서도 없이 <地理> <歷史> 공히 수업시수가 1시간씩 배정되어 있음을 주목할 필요가 있을 것이다. 이는 당시 조선총독 고이소 구니아키(小磯國昭)의 교육령 개정의 중점이 "人才의 國家的 急需에 응하기 위한 受

3) <소학교령>시기까지 초등학교의 시간당 수업시한은 45분이었는데, <국민학교령>시기에 이르러 40분으로 단축되었다. <地理>과목이 5, 6학년과정에 주당 2시간씩 배정되었음을 반영한다면, 주당 10분, 월 40~45분이 감소하며, 1년간 총 수업일수를 40주로 본다면 연간 400분(약 10시간정도)이 감소한 셈이다.

業年限 단축"[4]에 있었기 때문일 것이다. 그것이 <교육에 관한 전시비상조치령>(1943) 이후 각종 요강 및 규칙[5]을 연달아 발포하여 초등학생의 결전태세를 강화하는 조치로 이어졌으며, 마침내 학교수업을 1년간 정지시키고 학도대에 편입시키기는 등의 현상으로도 나타났다. 4학년 과정에 <地理>과의 수업시수를 배정하여 필수적 사항만을 습득하게 한 것은 이러한 까닭으로 여겨진다.

3. 본서의 편제 및 특징

일제강점기 조선아동을 위한 <地理>교과목은 1920년대 초 학제개편 이후부터 개설된 이래, 시세에 따른 교육법령과 이의 시행규칙에 따라 <地理>교과서가 '부분개정' 혹은 '전면개편'되었음은 앞서 <표 2>에서 살핀바와 같다. 그 중 ③『初等地理書』卷一・二(1932-33, 2권), ⑦『初等地理』 第五・六學年(1944) 4冊을 번역한 까닭은 ③이 조선아동의 본격적인 <地理>교육을 위한 처음 교과서였다는 점에서, 그리고 ⑦은 <태평양전쟁>기에 발호된 <국민학교령>과 <4차 교육령>에 의하여 전면 개편된 교과서였다는 점에서 의미를 둔 까닭이다.

---

4) 朝鮮總督府(1943)「官報」 제4852호(1943.4.7)

5) <전시학도 체육훈련 실시요강>(1943.4), <학도전시동원체제확립요강>(1943.6), <해군특별지원병령>(1943.7), <교육에 관한 전시비상조치방책>(1943.10), <학도군사교육요강 및 학도동원 비상조치요강> (1944.3), <학도동원체제정비에 관한 훈령>(1944.4), <학도동원본부규정>(1944.4), <학도근로령>(1944.8), <학도근로령시행규칙>(1944.10), <긴급학도근로동원방책요강>(1945.1), <학도군사교육강화요강> (1945.2), <결전비상조치요강에 근거한 학도동원실시요강>(1945.3), <결전교육조치요강>(1945. 3) 등

<표 4> 조선총독부 편찬 『初等學校 地理』의 편제

No	교과서명	권(학년)	간행년	출 판 서 명
③	初等地理書	卷一 (5학년용)	1932	조선총독부 편찬 초등학교 <地理>교과서 번역(上)
		卷二 (6학년용)	1933	
⑦	初等地理	第五學年 (1944)	1944	조선총독부 편찬 초등학교 <地理>교과서 번역(下)
		第六學年 (1944)	1944	

끝으로 본서 발간의 의미와 특징을 간략하게 정리해 본다.

(1) 본서의 발간은 그동안 한국근대사 및 한국근대교육사에서 배제되어 온 일제강점기 초등학교 교과서 복원작업의 일환에서 진행된 또 하나의 성과이다.

(2) 일제강점기 식민지 아동용 <地理>교과서를 일일이 찾아내고, 가장 큰 변화의 선상에 있는 <地理>교과서를 변역 출간함으로써 일제에 의한 한국 <地理>교육의 실상을 누구나 쉽게 찾아볼 수 있게 하였다.

(3) 본서는 <地理>교과서의 특성상 삽화, 그래프, 사진 등등 각종 이미지자료의 복원에도 심혈을 기울였다. 오래되어 구분이 어려운 수많은 이미지자료를 최대한 알아보기 쉽게 복원하였을 뿐만 아니라, 원문내용을 고려하여 최대한 삽화의 배치에도 심혈을 기울였다.

(4) 본서는 일제강점기 식민지 <地理>교과서의 흐름과 변용 과정을 파악함으로써, 일제에 의해 기획되고 추진되었던 근대 한국 공교육의 실태와 지배국 중심적 논리에 대한 실증적인 자료로 제시할 수 있도록 하였다.

(5) 본서는 <地理>교과서에 수록된 내용을 통하여 한국 근대초기 교육의 실상은 물론, 단절과 왜곡을 거듭하였던 한국근대사의 일부를 재정립할 수 있는 계기를 마련하고, 관련연구에 대한

이정표를 제시함으로써 다각적인 학제적 접근을 용이하게 하였다.

(6) 본서는 그간 한국사회가 지녀왔던 문화적 한계의 극복과, 나아가 한국학 연구의 지평을 넓히는데 일조할 것이며, 일제강점기 한국 초등교육의 거세된 정체성을 재건하는 자료로서 의미가 있을 것이다.

본서는 개화기 통감부기 일제강점기로 이어지는 한국역사의 흐름 속에서 한국 근대교육의 실체는 물론이려니와, 일제에 의해 왜곡된 갖가지 논리에 대응하는 실증적인 자료를 번역 출간함으로써 모든 한국인이 일제강점기 왜곡된 교육의 실체를 파악할 수 있음은 물론, 관련연구자들에게는 연구의 기반을 구축하였다고 자부하는 바이다.

이로써 그간 단절과 왜곡을 거듭하였던 한국근대사의 일부를 복원・재정립할 수 있는 논증적 자료로서의 가치창출과, 일제에 의해 강제된 근대 한국 초등학교 <地理>교육에 대한 실상을 재조명할 수 있음은 물론, 한국학의 지평을 확장하는데 크게 기여할 수 있으리라고 본다.

2018년 2월

전남대학교 일어일문학과 김순전

〈범 례〉

1. 본서의 번역은 원문의 세로쓰기를 90도 회전하여 가로쓰기하였으므로, 상란의 용어는 좌란으로 한다.

2. 지명의 표기는 '일제강점기'라는 시대적 상황을 고려하여 당시의 표기법에 따르기로 한다.
   ex) 日本海 → 일본해, 內地 → 내지 등.

3. 지명의 표기는 표기상 발음과 한국어발음과의 관계를 고려하여 다음과 같이 표기하기로 한다.
   ex) 關東平野 → 간토(關東)평야, 四國山脈 → 시코쿠(四國)산맥,
   隅田川 → 스미다가와(隅田川), 利根川 → 도네가와(利根川),
   富士山→ 후지산(富士山), 畝傍山 → 우네비야마(畝傍山) 등.

4. 외국 지명의 표기는, 독자의 이해를 돕기 위해 가장 보편적으로 통용되고 있는 지명으로 표기하였다.

5. 당시의 지리교육 전반에 대한 이해를 돕기 위해, 후면에 『초등지리서 부도(初等地理書附圖)』(1934)를 원형 그대로 첨부하였다.

조선총독부 편찬(1932)

『초등지리서』

(권1)

初等地理書 卷一

朝鮮總督府

〈목차〉

〈권1〉(1932)

『초등지리서』 권 1

제1 우리나라

우리나라의 영토	우리나라는 아시아주의 동쪽에 위치하며, 일본열도와 조선반도로 이루어져있다. 이 외에도 중국에서 할양받은 관동주와 열국으로부터 위임받은 남양군도가 있다. 일본열도는 크고 작은 수많은 섬들이 여러 개의 활모양을 이루는 동북에서 남서로 연이어진 열도로, 길이는 약 5천 킬로미터이다. 안쪽으로는 오호츠크해, 일본해, 황해, 동중국해 등이 있고, 이 바다를 사이에 두고 아시아대륙이 있다. 바깥쪽은 태평양에 접하며 멀리 북아메리카대륙과 마주하고 있다. 지시마(千島)열도의 북단은 일본 최북단의 땅으로, 지시마해협에 의해 러시아령 캄차카반도와 마주하고 있다. 또한 타이완(臺灣)의 남쪽으로는 바시해협이 있으며, 그 남쪽으로 미국령 필리핀군도가 있다. 조선반도는 아시아대륙의 동쪽에 있는데, 압록강, 두만강 등에 의해 대륙과 경계를 이루고 있다.

면적	우리나라의 총 면적은 약 67만 평방킬로미터이며, 혼슈(本州), 조선, 홋카이도(北海道)본섬, 규슈(九州), 사할린(樺太)남부, 타이완(臺灣), 시코쿠(四國) 등이 그 주요부분이다. 혼슈와 조선은 가장 크고, 각각 우리나라 총면적의 약 3분의 1에 해당한다.
국민	총인구는 약 9천만이다.
구분	행정상 혼슈, 시코쿠, 규슈를 3부(府) 43현(縣)으로 나누고, 부(府)에는 부청, 현(縣)에는 현청을 두고 있다. 또 홋카이도에는 홋카이도청, 사할린((樺太)에는 사할린청, 조선과 타이완에는 총독부, 관동주에는 관동청, 남양(南洋)에는 남양청을 두고 있다. 오늘날 편의를 위해, 전국을 조선, 사할린, 홋카이도, 오우(奧羽), 간토(關東), 주부(中部), 긴키(近畿), 주코쿠(中國) 및 시코쿠(四國), 규슈, 타이완, 관동주, 남양의 12지방으로 나눈다.

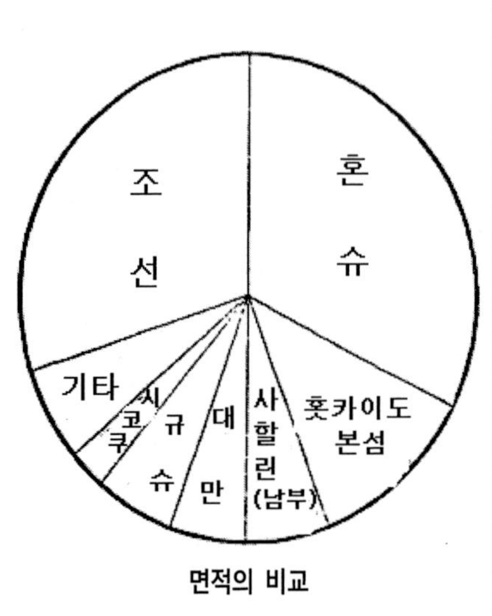

면적의 비교

제2 조선지방

1. 위치·면적 및 주민·구분

조선지방 지형의 약도와 단면도

조선지방은 일본해와 황해 사이에 북에서 남으로 향하여 돌출한 반도로, 길이 800여 킬로미터, 북쪽은 압록강·두만강 및 백두산으로 만주와 시베리아를 경계하고, 남쪽은 조선해협을 사이에 두고 규슈지방과 마주하고 있다. 그 면적은 22만여 평방킬로미터로, 우리나라 총면적의 거의 3분의 1에 해당하며, 주민 총수는 2천만을 넘는다.

행정상 13개 도로 나뉘어 있으며, 지리상으로는 북부조선, 중부조선, 남부조선 3지방으로 나누며, 또 서부조선(表朝鮮), 동부조선(裏朝鮮)의 2지방으로 나눌 수도 있다.

2. 지방현황

1) 북부조선

(1) 구역

북부조선이란 함경북도, 함경남도, 평안북도, 평안남도의 4도(道)를 말한다. 또한 동부의 2도(道)를 북선(北鮮), 서부의 2도(道)를 서선(西鮮)이라고도 한다.

(2) 지형

대체적으로 산지가 많으며, 중앙은 넓은 고원으로 되어있다. 장백산맥은 국경 가까이에 가로놓여있는데, 그 중앙에 솟아오른 백두산은 높이 2,743미터이며, 정상에는 호수가 있다. 압록강, 두만강의 발원은 이 산에서 시작되어 동서로 나뉘어져있다. 압록강은 우리나라 제일의 긴 강으로, 길이는 약 800킬로미터이다. 중앙의 고원에서 일본해 쪽으로는 급경사를 이루고 있어서 평야가 부족하지만, 황해 쪽으로는 경사가 완만하며, 그곳을 대동강이 흐르고 있어, 이 유역에 평양평야가 펼쳐있다.

	 백두산 정상의 호수 일본해연안은 드나듦이 적으며, 바다는 갑작스럽게 깊다. 황해연안은 드나듦이 많으며, 바다가 얕아서 개펄이 넓다. 다만 대동강 하구는 깊고 나팔모양으로 되어 있다. (3) 기후 가장 북부에 위치하여 대륙에 가깝기 때문에, 한서(寒暑)의 차이가 심하고, 겨울은 추위기간이 길다. 중앙부는 대체적으로 강우량이 적다. (4) 산업
농업	쌀농사도 짓지만 밭농사를 주로 하며, 조, 콩, 옥수수 등을 생산한다. 또 북선(北鮮)에는 감자, 조, 서선(西鮮)에는 재래면이 많고, 평양부근에는 사탕무가 재배되고 있다. 평안남북도 및 함경남도에는 소의 사육이 많고 양잠도 행해지고 있다.

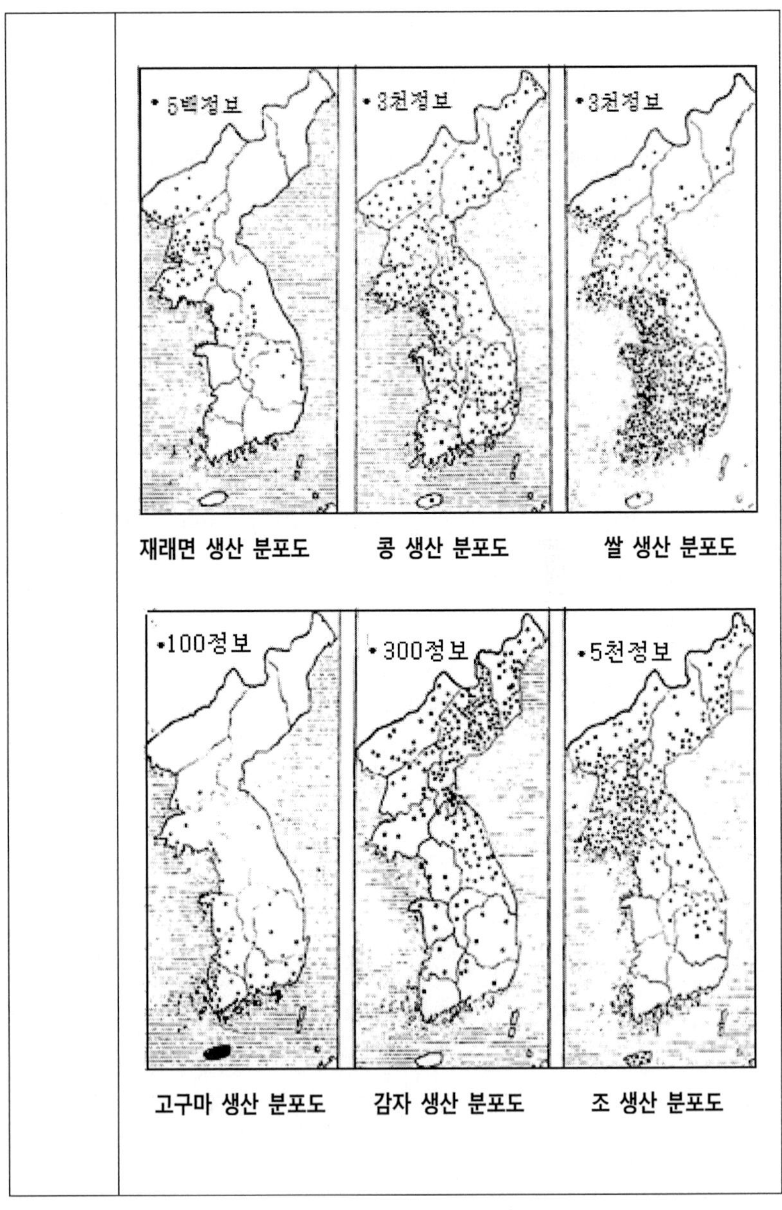

재래면 생산 분포도　콩 생산 분포도　쌀 생산 분포도

고구마 생산 분포도　감자 생산 분포도　조 생산 분포도

임업・광업

국경부근의 산지에는 홍송(紅松), 사송(さあすん), 낙엽송 등의 추운 기후에 적합한 수목의 대삼림이 있다. 혜산진, 중강진 등의 영림서에서 이를 벌목하여, 뗏목으로 묶어서 압록강으로 흘려, 신의주에서 제재(製材) 한다.

압록강의 삼림과 뗏목

광산물은 운산(雲山)의 금, 평양부근 및 북선(北鮮)의 석탄 등이 둘 다 유명하다.

신의주의 제재소

	 **마른명태의 제조**
수산업	수산물은 일본해연안의 명태가 가장 많고, 신포(新浦)는 그 중심지이다. 근래 정어리의 어획량도 증가하여 생선기름 제조가 왕성해졌다. 광량만(廣梁灣)은 천일제염으로 유명하다.
	 **광량만(廣梁灣)의 염전**

공업

공업으로는 각지에서 마직물과 견직물을 생산한다. 또 평양은 그 부근에 석탄을 많이 생산하기 때문에, 각종 공업이 번성해 왔다. 근래 부전강(赴戰江)에 수력발전소가 건설되고, 흥남(興南)에서는 비료가 제조된다.

부전강 수력발전소

(5) 교통

육상교통

철도는 경의선(京義線)이 신의주에서 평양을 거쳐 경성(京城)으로 통하고, 또 압록강의 대철교에 의해 만주의 안봉선(安奉線)과 연결되고 있다. 함경선(咸鏡線)과 경원선(京元線)은 국경인 회령(會寧)에서 원산(元山)을 거쳐 경성(京城)으로 통하고 있다. 압록강의 철교는 길이가 약 1킬로미터, 그 중간 부분은 쉽게 회전할 수 있도록 되어 있어서, 큰 배도 이곳을 통하여 강을 자유롭게 오르내릴 수 있다. 이것이 그 유명한 압록강의 개폐교(開閉橋)이다.

압록강 개폐교

자동차도 각 지방을 연결하고 있지만, 산지는 교통이 대단히 불편하다.

수상교통

해상(海上)에는 연안항로 외에도 청진(淸津), 원산(元山) 두 항구에서는 쓰루가(敦賀), 블라디보스토크 등으로, 또 진남포(鎭南浦)에서는 대련(大連)에 이르는 항로가 있다. 압록강과 대동강은 선편(船便)이 있지만, 두만강(豆滿江)은 선편이 적다.

(6) 상업

국경무역은 동으로는 회령(會寧), 경흥(慶興)에서, 서로는 신의주(新義州)에서 행해지고, 해상무역은 동쪽으로는 원산(元山), 청진(淸津), 성진(城津)에서, 서쪽으로는 진남포(鎭南浦), 용암포(龍岩浦) 등의 항구에서 행해진다.

원산항

(7) 주민・도읍

북부조선

원산은 서부조선(裏朝鮮) 제일의 도시로, 영흥만(永興灣)에 마주하며, 수륙교통편이 좋아 무역이 활발하다. 또한 해수욕장이 있어서 경성 사람들이 자주 이용하고 있다. 청진은 부동항(不凍港)이어서 북만주로, 성진은 고원지방으로, 웅기(雄基)는 두만강 하류의 입구로서 각각 발달하고 있다. 나남(羅南)에는 함경북도청, 함흥에는 함경남도청이 있어서, 모두 지방행정의 중심지이다. 또 나남에는 제19사단 사령부가 있기 때문에, 북선(北鮮) 국경수비의 중심이 되고 있다. 회령은 두만강을 향하여 간도(間島)에 접해 있는 국경의 요지이며, 경성(鏡城)은 우시장, 단천(端川)은 콩의 집산지, 영흥(永興)과 북청(北靑)은 지방의 도읍이다.

서부조선	 평양 모란대와 대동강 평양은 북부조선 제일의 도시로 인구는 약 14만, 대동강에 임해 있으며, 철도편도 좋고, 경성과 대련을 오가는 항공로의 착륙장이 있다. 평안남도청과 평양고등법원을 비롯한 여러 관청과 학교 등이 있어서, 정치, 경제, 군사, 교통상 중요한 지역이다. 이곳은 고구려의 옛 도읍지이자 청일전쟁의 이름난 전적지이기도 하다. 진남포는 평양의 문호로서 발달한 곳이다. 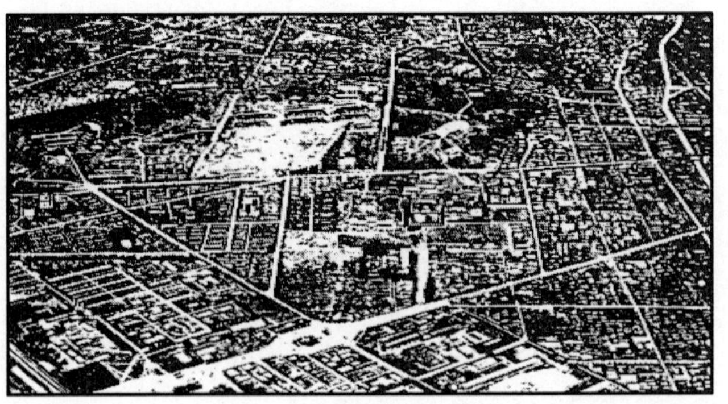 평양 시가지

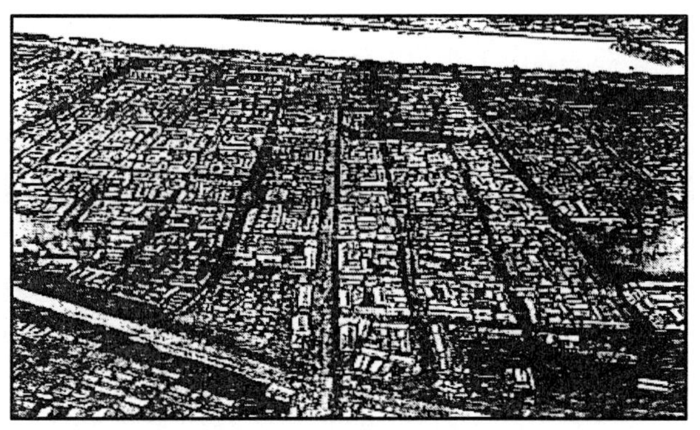

신의주 시가지

신의주는 압록강의 하류에 있어서 수륙교통의 요지로 적합하다. 제재소와 펄프공장이 있고, 또 평안북도청이 있다. 의주는 국경도시로 유명하다.

2) 중부조선

(1) 구역

중부조선이란 강원도, 황해도, 경기도의 3도(三道)를 말한다.

(2) 지형

태백산맥이 동쪽으로 치우쳐 남북으로 달리면서 일본해방면과 황해방면과의 분수령을 이루고, 동쪽은 급경사를 이루며 산지가 바다를 향하고 있기에 평야는 지극히 적으나, 서쪽으로는 한강이 완만하게 흐르고 있어서 그 유역을 따라 곳곳에 평야가 있다. 태백산맥 안에는 태백산과 금강산이 있다. 금강산에는 만물상(萬物相), 구룡연(九龍淵) 등 명승지와 온정리(溫井里) 온천이 있어서 유람지로 유명하다.

만물상

한강은 그 근원을 태백산맥으로 하며, 북한강을 합하고, 하류에서 임진(臨津), 예성(禮成) 2개의 강이 합류하여 강화만(江華灣)으로 흐르고 있다. 동해안은 드나듦이 지극히 단조로우며, 바다는 급하고 깊다. 서해안은 만(灣)이나 섬이 많으며, 바다는 얕고 조수 간만의 차가 거의 9미터나 되어서, 넓은 개펄이 조성되어 있다.

구룡연

(3) 기후

북부조선에 비하면 온화하지만, 한서(寒暑)의 차가 뚜렷하고, 겨울은 한강도 언다. 강우량은 동해안을 제외하면 보편적으로 적다.

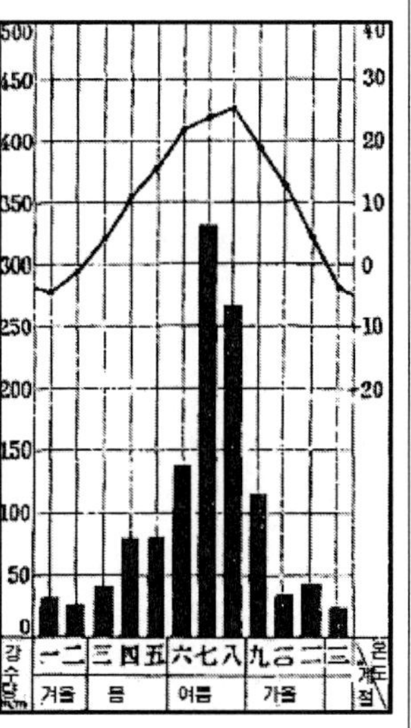

경성 기후도

(4) 산업

농업·목축업

쌀은 경기도에, 밀은 황해도에, 콩은 경기도와 황해도 2도에서, 담배는 경기도와 강원도 2도에서 많이 생산된다. 인삼재배는 개성부근이 가장 활발하여, 개성에는 관영 홍삼제조소가 있다. 근래에는 누에고치의 산출도 많다. 또 소의 사육도 활발하여 영등포에 큰 피혁공장이 있다.

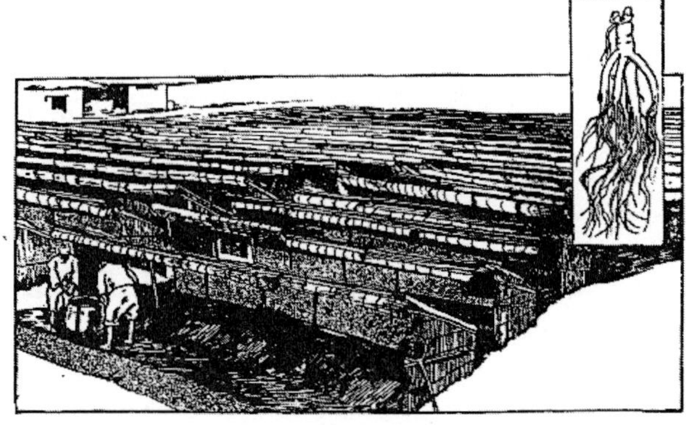

인삼밭과 인삼

광업	서북부의 수안(遂安)은 금(金)을, 안악(安岳), 재령(載寧), 은율(殷栗)은 철(鐵)을 생산한다. 대동강에 연접해 있는 겸이포(兼二浦)에는 제철소가 있는데, 철광은 대부분 내지(內地)의 야하타(八幡)제철소로 보내진다.
수산업	일본해 연안의 장전(長箭) 앞바다에서는 고래가 잡히고, 황해는 좋은 조기어장이 있다. 또 황해 연안에는 주안(朱安) 등에서 천일제염이 행해지고 있다.
	(5) 교통
육상교통	동쪽의 산지는 교통이 불편하지만, 철도에 연접하고 있는 서부지방은 교통이 편리하다. 경성은 조선교통의 중심지로, 경원, 경의, 경부 3대 간선철도가 이곳에서 출발하고, 자동차편도 적지 않다.
수상교통	한강(漢江)은 수상운송(水運)이 매우 편리하여, 춘천(春川)까지 배가 통한다. 일본해 연안은 교통이 아직 열려있지 않지만, 황해 연안은 인천을 중심으로 내외의 여러 항구와 항로가 통하고 있다.
	(6) 주민 · 도읍
	황해방면의 평야는 농업도 활발하고, 교통도 편리하기 때문에 큰 도시가 많다. 경성은 정치, 경제, 학술, 군사, 교통의 중심지이며, 인구는 대략 40만으로, 조선 제일의 도시이다.

경성 시가지

조선신궁, 조선총독부를 비롯하여 조선군사령부, 고등법원, 경기도청, 경성제국대학 등 관청과 학교가 있다. 또 상공업도 날로 왕성해지고 있다. 부근의 여의도(汝矣島)는 비행기의 발착지로 알려져 있다.

인천항

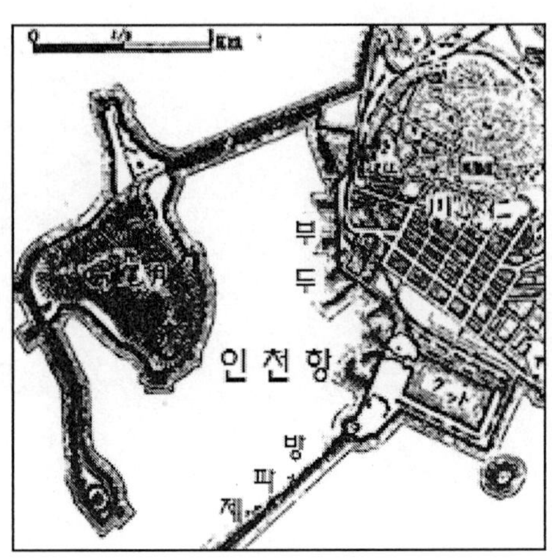

인천항 지도

인천은 조선 제2의 개항장이며 경성의 문호이다. 항내(港內)는 물이 얕고, 조수간만의 차가 심한 까닭에, 갑문(閘門)을 설치하여 배가 출입할 수 있도록 하고 있다.

개성은 고려의 옛 도읍으로, 행상인이 많으며, 인삼 거래의 중심지이다. 수원에는 농사시험소 및 고등농림학교가 있다. 춘천은 강원도청, 해주는 황해도청의 소재지이며, 철원과 사리원은 지방의 도시이다.

3) 남부조선

(1) 구역

남부조선은 충청북도, 충청남도, 전라북도, 전라남도, 경상북도, 경상남도를 말한다.

(2) 지형

동부는 산지가 많으며, 서부와 남부는 경사가 완만하고, 긴 강이 많아 평야가 많다. 태백산맥은 동부를 남북으로 달리고, 여기에서 분리된 소백산맥은 노령(蘆嶺), 차령(車嶺)의 2개 산맥과 평행하여 남서로 달리고 있다. 낙동강(洛東江)과 섬진강(蟾津江)은 조선해협으로, 금강(錦江)과 영산강(榮山江)은 황해로 흐르고 있다.

서부와 남부의 해안은 드나듦이 심하며, 진해만(鎭海灣), 부산만(釜山灣) 등이 있다. 또 섬도 많아서 다도해(多島海)라 불리는 곳도 있다. 제주도(濟州島)는 조선지방에서 제일 큰 섬으로, 중앙에 높은 한라산(漢拏山)이 있다. 일본해연안은 영일만(迎日灣) 외에는 드나듦이 극히 적다. 동쪽 해상에 울릉도(鬱陵島)가 있다.

(3) 기후

중부조선에 비하면 현저하게 온화하며, 비의 양도 많다. 특히 남부해안 지방은 난류의 영향으로 매우 따뜻하다.

(4) 산업

농업・목축업

농업은 평지가 많고 기후가 온난한 까닭에, 북부조선과 중부조선에 비하면 크게 발달되어 있다. 서부지방은 쌀, 보리의 생산액이 많다. 특히 근래에는 수리사업을 시행하여 관개(灌漑)를 좋게 하고, 또 서해안의 개펄을

논으로 만들어 쌀의 증산을 도모하고 있다. 쌀은 주로 군산에서 내지(內地)로 보내지고 있다. 영산강 유역은 육지면(陸地棉)을 재배하여, 목포에서 내지(內地)로 송출한다.

군산항의 쌀 반출

목포의 면화시장

낙동강유역은 쌀 외에 보리를 생산하고, 감자도 재배하고 있다. 또 경상북도는 누에고치 생산이 조선지방에서 제일이며, 소의 사육도 왕성하다.

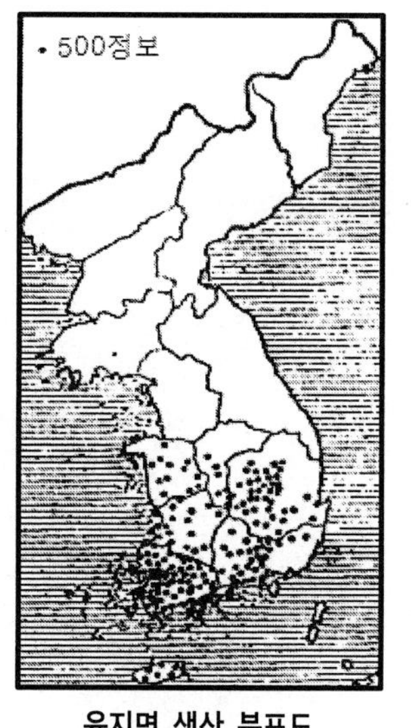

육지면 생산 분포도

수산업

조선해협 및 그 부근은 난류와 한류가 흐르고 있어서, 정어리, 청어, 고등어, 도미 등의 어류가 풍부하여 어업이 왕성하고, 경상남도는 어획고가 조선지방 총 생산액의 3분의 1을 차지하며, 부산은 그 집산지이다. 전라남도는 이곳 다음으로 많다. 또 남부 연안에는 김 양식이 행해지고 있다.

(5) 교통

육상교통

간선철도인 경부선은 경성에서 추풍령(秋風嶺)을 넘어서 대구를 지나 부산에 이르고, 관부연락선에 의해 산요선(山陽線)과 연결되어 있다. 호남선은 대전에서 나뉘어져 서부지방을 가로질러 목포에 도달한다.

수상교통

낙동강, 금강 등은 강 하구가 나팔 모양으로 되어있어서, 배가 거슬러 올라간다.

	일본해연안에는 좋은 항구는 없지만, 황해 및 조선해협 연안에는 좋은 항구가 많으며, 부산, 여수, 목포, 군산 등은 근해 항로의 중심지이다. 부산은 내지(內地)와의 교통이 매우 빈번하다. 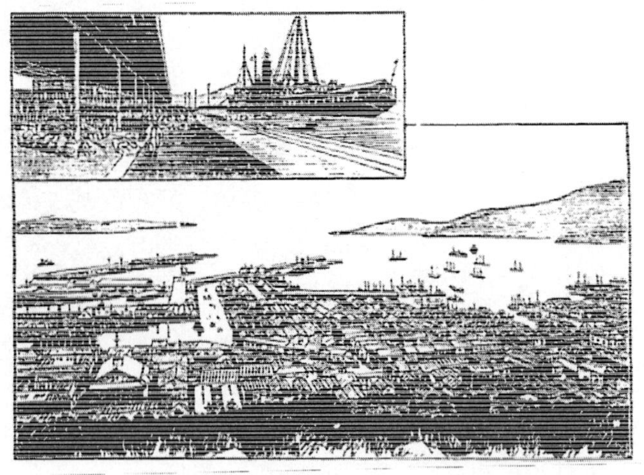 上: 부산항 부두 선차(船車)의 연락, 下: 부산항 전경 (6) 주민 · 도읍
서부	서부평야는 지형과 기후가 모두 산업발달에 적합하고, 수륙교통도 편리하기 때문에, 인구밀도가 조선에서 가장 높다. 따라서 도처에 크고 작은 도시가 있다. 금강 상류에는 청주와 대전이 있는데, 청주는 충청북도청의 소재지이며, 대전은 호남선이 생긴 이후 발달한 도시로, 충청남도청의 소재지이다.

	또한 중류에는 공주, 부여, 강경이 있는데, 공주와 부여는 공히 백제의 옛 도읍지이며, 강경은 유명한 시장이 있는 곳이다. 충주는 한강상류의 요지이다. 전라북도에는 넓은 평야가 있는데, 그 안에 있는 전주는 도청소재지이고, 이리(理里)는 교통의 요지이다. 군산은 금강의 입구에 있어서, 이 유역이나 전라북도 평야의 문호를 이루고 있다. 영산강 상류의 광주는 전라남도청의 소재지이며, 강 입구에 위치한 목포는 이 지역의 문호이다.  **목포(木浦)시가지와 항구**
낙동강유역	대구는 낙동강의 중류에 있는 분지의 중심지이다. 인구는 약 9만, 경상북도청과 대구고등법원 등이 있으며, 농산물의 집산이 많아서 그곳의 큰시장(大市)은 유명하다. 대구의 북서쪽에 있는 김천(金泉)은 추풍령 기슭의 요지로 곡류의 집산지이다.

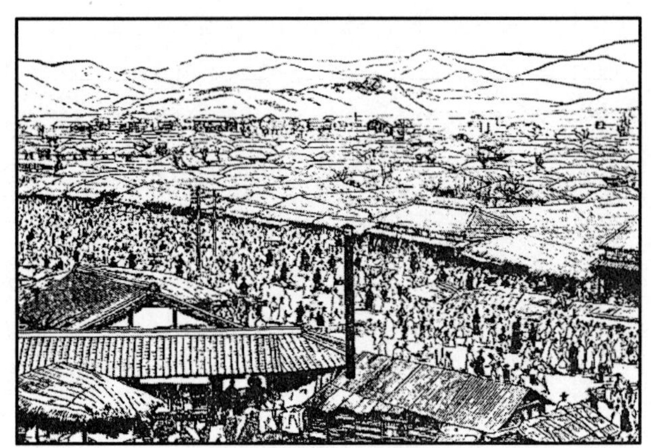

대구의 큰시장(大市)

동해안

동해안지방은 평지가 부족하지만, 해안에 포항과 울산이 있고, 부근에는 경주가 있다. 울산에는 비행기의 발착장이 있으며, 장생포는 고래잡이(捕鯨)의 근거지이다. 경주는 신라의 옛 도읍으로 첨성대(瞻星臺), 불국사(佛國寺) 등 유적이 많다.

남해안

남해안지방은 잘 개발되어 있으며, 부산, 마산, 진해, 진주, 여수 등이 있다. 부산은 인구가 약 15만, 경상남도청의 소재지이며, 내지(內地)와의 교통요지로, 무역이 왕성하기로는 조선지방에서 으뜸이다. 쌀, 콩, 해산물, 누에고치 등을 수출하고, 면포, 밀가루, 석유, 갖가지 잡화를 수입한다. 부근의 동래(東萊)는 온천으로 유명하다. 진해(鎭海)는 해군항이고, 마산, 진주, 여수는 지방도시이다. 또 통영과 삼천포는 어항이다.

3. 총설

(1) 지형

조선지방은 산지(山地)가 많고, 평지는 총면적의 약 20%에 지나지 않는다. 특히 북부는 남부보다도 산지가 많은데다 대부분 고원이며, 북쪽으로 감에 따라 점차로 높아진다. 국경에는 장백산맥이 동서로 이어져 있으며, 그 주된 봉우리인 백두산은 압록강, 두만강 및 만주 송화강의 분수령을 이루고 있다.

북부

태백산맥은 일본해방면과 황해방면의 분수령이며, 소백산맥은 황해방면과 조선해협방면과의 분수령을 이루고 있다. 태백산맥이 동쪽으로 치우쳐 있기 때문에, 일본해방면은 경사가 급하고, 큰 하천이나 평지도 없다. 그러나 황해방면과 조선해협방면은 경사가 완만하여, 긴 흐름은 이 방면에 많고, 하천을 따라 곳곳에 평야가 있다.

중부 및 남부

일본해방면의 해안은 드나듦이 부족하고 섬도 적지만, 황해방면과 조선해협방면의 해안은 드나듦이 매우 많아서, 좋은 항만이 풍부하고 섬도 많다. 또 동해안은 조수간만의 차가 적지만, 서해안은 바다가 얕고 개펄이 넓어서 조수간만의 차이도 심하다.

해안

(2) 기후

한서의 차가 크고, 겨울은 추위가 극심하며, 중부 이북의 하천은 수면이 얼어서, 차마(車馬)로 이동할 수 있다.

그러나 흔히 삼한사온(三寒四溫)이라 하여, 추위와 따뜻함이 교대로 찾아오기 때문에 비교적 견디기는 쉽다.

비는 여름에 많다. 눈은 일본해방면 외에는 대부분 적게 내리며, 안개는 매년 봄과 여름 무렵 남쪽 해상에 많이 발생한다.

(3) 산업

농업 · 목축업

조선지방은 대개 강수량이 적은데다, 수목(樹木)의 보호가 이루어지지 않았기 때문에 삼림(森林)이 적고, 산지의 대부분은 황폐해져 있다. 또한 평지도 관개시설이 부족하여 벌판이 많고, 경작지는 비교적 적다. 그러나 그럼에도 불구하고 농업은 예로부터 조선 제일의 산업으로, 주민의 대부분은 농업인이다. 근래 수원(水源)의 개발과 관개공사가 시행되어 경작지가 현저하게 넓어졌기 때문에 농산물의 수확이 크게 증가하고 있다. 주된 농산물은

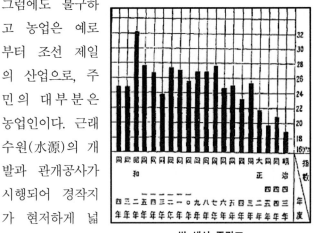

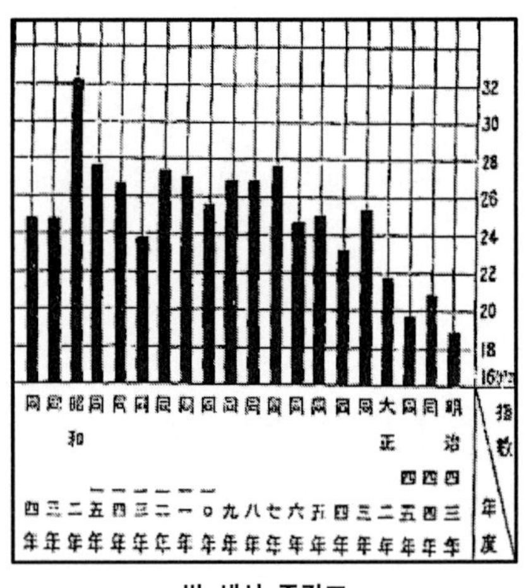

쌀 생산 증감표

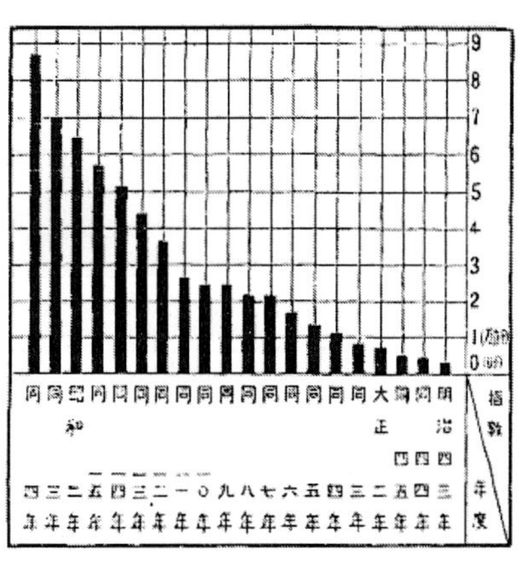

면 생산 증감표

쌀, 콩, 보리, 귀리, 면, 인삼 등이며, 연간 쌀 생산액은 약 270만 킬로리터이다. 또 누에고치 생산액도 매년 증가하고, 소의 사육도 활발하여, 그 마릿수는 내지보다도 많아, 각지에 우시장이 열리고, 소가죽의 생산액도 적지 않다.

누에고치 생산 증감표

임업은 북부에서 주로 행해지고 있지만, 남부에는 삼림이 적다. 총독부는 각지에 영림서를 설치하여 식림(植林)을 장려하고 있다.

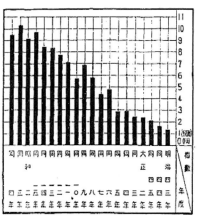

광산물은 북부에 많고 남부는 대단히 적다. 주된 광산물은 금이며, 평안북도에 많고, 그 다음이 철로, 황해도에서 생산한다. 석탄의 산출액도 많다.

오이타현	가고시마현	평안북도	기타	이바라기현			
규슈지방		조선지방		간토지방	홋카이도지방	대만지방	기타지방

우리나라 금 생산액 비교
총 생산액 약 15,000톤(1928년)

수산업

농업 다음으로 주요한 산업은 수산업으로, 어업은 반도연안일대에서 주로 행해지는데, 특히 남해안이 가장 왕성하다. 어획고가 높은 어종은 정어리, 고등어, 명태, 조기, 대구, 청어, 도미, 고래 등이다. 소금은 차츰 그 생산고를 늘려왔다.

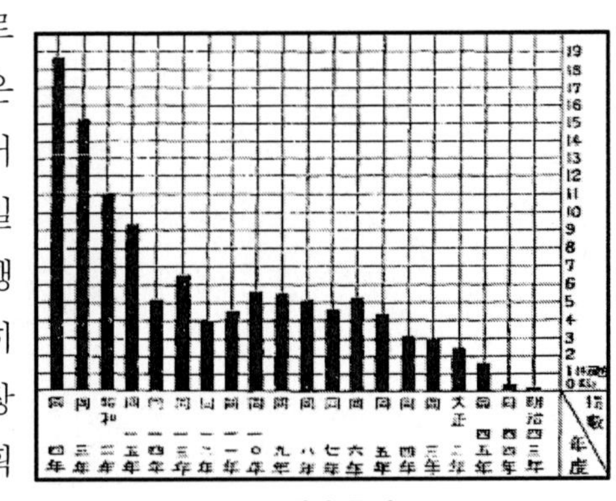

소금 생산 증감표

공업

공업은 아직 뚜렷한 것이 없이 가내공업이 주를 이루고 있었는데, 총독부의 장려에 의해 점차로 각지에 공장공업이 발흥하고 있다.

(4) 교통

육상교통

옛날에는 교통이 매우 불편했지만, 근래에는 현저하게

	개선되었다. 주요도로는 경성에서 각 도청소재지와 그밖에 중요한 도시로 통하고, 자동차가 다니고 있는 곳도 적지 않다. 철도는 경부선과 경의선 2개의 선이 반도를 종관하는 가장 중요한 간선이며, 호남선은 호남지방을, 경원선 함경선은 북선(北鮮)지방을 관통하며 서부조선 및 동부조선의 각지와 경성을 연결하고 있다. 부산과 신의주간 거의 950킬로미터를 불과 20시간에 도달할 수 있다. 또 만주와의 철도 연결도 신의주 외에 회령방면에서도 개시하려 하고 있다.
수상교통	조선의 근해는 봄과 여름철에는 심한 안개로, 겨울철에는 거친 풍파(風波) 때문에, 해상교통은 곤란한 곳도 있지만, 부산, 목포, 군산, 인천, 진남포, 원산, 청진 등 여러 항구는 사시사철 언제라도 선박의 출입이 용이하다.
통신	우편, 전신, 전화는 경성을 중심으로 각지로 통하고 있다.
	(5) 상업 상업은 아직 충분히 발달되어 있지 않아서, 시장을 열어서 거래하고 있는 곳이 많다. 무역은 주로 쌀, 콩, 면(綿), 소가죽, 누에고치, 광산물, 수산물 등을 수출하고, 면직물, 면사, 각종 기계류, 비료, 잡화 등을 수입한다.

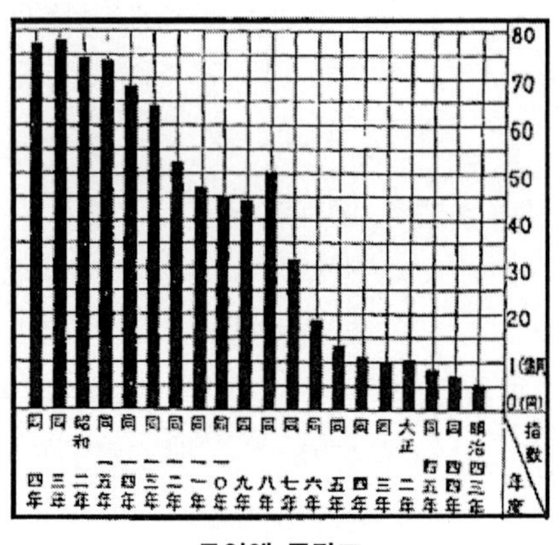

무역액 증감표

수입액은 수출액보다도 많다. 무역액은 부산이 가장 많고, 인천이 그 뒤를 잇는다.

(6) 교육

교육은 근래 현저하게 보급 발달되어 왔다. 경성에는 경성제국대학을 비롯하여 각종학교와 박물관 및 도서관 등이 갖추어져 있고, 지방에도 각종 학교가 점차 증가하고 있다.

(7) 정치

조선총독부는 경성에 있고, 관방(官房) 외에 내무, 재무, 식산, 법무, 학무, 경무 6국 및 산림, 토지개량 2부로 나뉘며, 소속관서에 철도국, 체신국, 전매국 등이 있다. 각 도에는 도청이 있고, 그 아래에는 부청(府廳), 군청, 도청(島廳)이 있다. 재판소는 고등법원, 복심법원(覆審法院), 지방법원으로 나뉘어져 있다.

제3 사할린(樺太)지방

1. 위치・구역

사할린(樺太)지방이란 사할린섬(樺太島)의 남반부를 말한다. 우리나라의 가장 북부에 위치하여, 북쪽은 북위 50도선으로 러시아령 사할린(樺太)과 경계하고, 남쪽은 홋카이도본섬과의 사이에 소야(宗谷)해협을 끼고, 서쪽으로는 마미야(間宮)해협을 사이에 두고 시베리아와 마주하고 있다.

우리나라와 러시아의 국경 및 경계표

2. 지형

지형은 남북으로 가늘고 길며, 서쪽으로는 사할린(樺太)산맥이 북에서 남으로 종(縱)으로 뻗어있고, 동으로는 북쪽에도 남쪽에도 작은 산맥이 있다. 평야는 이 사이에 끼어있어서, 남부의 평야에는 스즈야가와(鈴谷川)가 흐르고, 북부의 평야에는 러시아령 사할린에서 흘러오는 호로나이가와(幌内川)가 있다. 호로나이(幌内)평야는 이 지방에서 가장 큰 평야인데, 대부분 습지나 땅속이 동결(凍結)되는 토지이다.

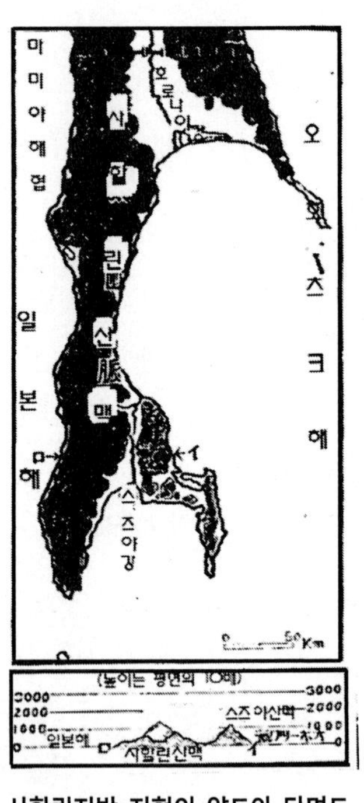

사할린지방 지형의 약도와 단면도

해안선은 드나듦이 적고, 활모양을 이루는 곳이 많다.

호로나이(幌内)평야의 습지

3. 기후 · 생물

위도가 높기 때문에 기온이 낮다. 겨울은 혹독하게 춥고, 해면도 어는 곳이 많다. 서해안에 얼지 않는 곳이 있는 곳은 난류가 해안을 따라서 흐르고 있기 때문이다.

동물이나 식물에는 한대성의 것이 많다. 산지에는 분비나무, 가문비나무, 낙엽송 등의 밀림이 있는데, 그 곳에는 여우가 살고 있다. 가이효도(海豹島)에는 여름부터 가을에 걸쳐 물개가 많이 모이기 때문에, 그 번식을 보호하고 있다.

가이효도(海豹島)의 물개

4. 산업 · 교통

농업 · 임업 · 광업 · 수산업

대구포 건조장

남부의 평야에는 농업이 행하여지고 있는데, 기온이 낮기 때문에 그다지 발달되지 않았다. 산지(山地)에서는 많은 목재와 석탄을 생산하고, 모피도 생산된다. 근해에서는 송어를 비롯하여 연어, 청어, 게 등이 많이 잡힌다. 이 지방의 주요산업은 수산업으로, 출어기(出漁期)에는 다른 지방에서 와서 어업에 종사하는 사람이 많다.

도요하라(豊原)의 펄프공장

공업	공업은 그다지 활발하지 않지만, 펄프제조업 및 제지업이 각지에 크게 성행하며, 이 지방 제일의 산업인 까닭은 목재가 풍부하기 때문이다.
육상교통	교통은 아직 잘 개발되어 있지 않지만, 오도마리(大泊), 도요하라(豊原), 마오카(眞岡) 등을 연결하는 철도는 개통되어 있다.
수상교통	해상교통은 결빙(結氷)이나 안개로 인해 곤란한 경우가 많지만, 오도마리(大泊)는 홋카이도(北海道)의 왓카나이(稚內)간에 철도연락선이 왕래하고, 겨울에는 쇄빙선이 이용된다. 혼토(本斗)는 부동항이다.

쇄빙선과 빙상의 하역

5. 주민 · 도읍

인구는 약 20만, 인구밀도는 대단히 낮아서 조선의 15분의 1에도 못 미친다. 주민의 대부분은 내지(內地)에서 이주해 온 사람들이다.

	사할린 지방에는 도시가 적다. 도요하라(豊原)는 정치의 중심으로 사할린청(樺太廳)이 있고, 오도마리(大泊)는 도요하라의 문호이고, 마오카(眞岡)는 수산물의 집산지이다. 시루토루(知取)는 제지업으로 발달한 곳이다.

제4 홋카이도(北海道)지방

1. 위치・구역

홋카이도(北海道)지방이란 홋카이도본섬과 그 부속 도서(島嶼) 및 지시마(千島)열도를 말한다. 사할린(樺太)지방의 남쪽에 위치하며, 남부는 쓰가루(津輕)해협을 사이에 두고 혼슈(本州)와 마주한다.

2. 지형

홋카이도본섬은 남서부의 가늘고 긴 반도를 제하면, 대체적으로 마름모꼴로 되어있다.

마름모꼴 부분은 북에서 남으로 뻗은 에조(蝦夷)산맥과, 지시마(千島)에서 이어지는 지시마화산맥이 T자형을 이루고 있으며, 이 두 산맥이 만나는 곳이 가장 높고, 아사히다케(旭岳)의 화산을 비롯한 높은 산들이 있다. 강은 이들 산지에서 사방으로 흐르며, 이시카리가와(石狩川), 데시오가와(天鹽川), 도카치가와(十勝川) 등 우리나라 굴지의 큰 강이 있다. 평야는 이들 하천의 유역이나 해안에 있고, 또 곳곳에 분지도 있다. 이시가리(石狩)평야, 가미카와(上川)분지, 도카치(十勝)평야는 특히 두드러진 곳이다.

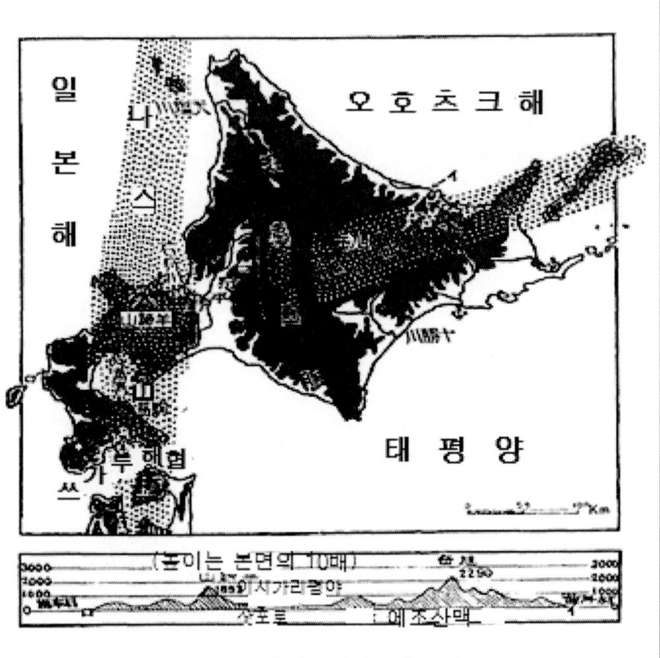

홋카이도본섬 지형의 약도와 단면도

반도부	반도부는 산지로서 화산이 많고, 또 곳곳에 호수가 있다.
해안	해안선은 반도부에서는 다소 변화가 많지만, 그 외는 드나듦이 부족하다.
	3. 기후
	홋카이도는 사할린이나 북부조선과 함께 우리나라에서 추운 지방으로, 기온은 대체로 북부조선과 비슷하다.

내륙 쪽은 한서의 차가 크기 때문에, 겨울은 추위가 극심하지만, 여름은 비교적 기온이 높다. 강우량은 대체적으로 북부조선이나 사할린(樺太)보다도 많지만, 우리나라의 다른 지방에 비하면 훨씬 적다.

4. 산업

산업은 이 지방이 늦게 개발된 관계로 미숙하였는데, 근래에는 크게 진보되었다.

삼림을 벌채하여 개간하고 있는 곳

농업

본섬의 경작지(耕地)는 대략 크게 구획지어져 있으며, 트렉터 등의 기계도 사용하고 있다. 농업이 왕성한 지방은

서양식 경작법

이시카리(石狩)평야, 가미카와(上川)분지, 도카치(十勝)평야 등으로, 여름 기온이 비교적 높아서 쌀도 생산되지만, 대체로 시원한 기후에 적합한 작물을 주로 하고, 귀리, 콩류, 그 밖에 박하(薄荷), 아마(亞麻), 감자, 사과, 제충국, 사탕무 등을 다량으로 생산한다. 주된 집산지는 삿포로(札幌), 오타루(小樽), 아사히가와(旭川), 오비히로(帶廣)이다.

홋카이도의 논

	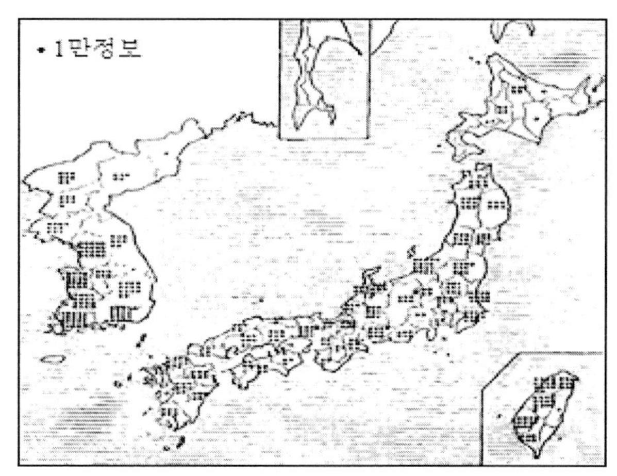 쌀 생산 분포도(1928년)
목축업	들판이 많고 비가 적기 때문에, 말 목축이 활발하여 각지에서 마시장(馬市)이 열린다. 또 이시카리(石狩)평야에서는 젖소의 목축이 활발하여, 유제품(乳製品)의 생산액도 적지 않다.  삿포로(札幌) 부근의 목장

임업

삼림으로는 가문비나무, 분비나무 등이 많아서 제지(製紙)의 원료, 성냥개비, 기타 여러 가지의 용재(用材)로서 오타루(小樽), 구시로(釧路) 등에서 각지로 송출되며, 그 산출액은 대단히 많다.

광업

광산물 가운데는 석탄이 주된 것으로, 이시카리(石狩) 탄전은 지쿠호(筑豊)탄전과 함께 우리나라의 큰 탄전이다. 여기에서 나오는 석탄은 오타루, 무로란에서 각지로 송출된다. 또 화산이 많기 때문에 곳곳에서 유황(硫黃)을 생산한다.

수산업

근해는 한류와 난류가 흐르고 있어서, 어류나 해조류가 많아, 세계에서도 이름난 어장을 이루고 있다.

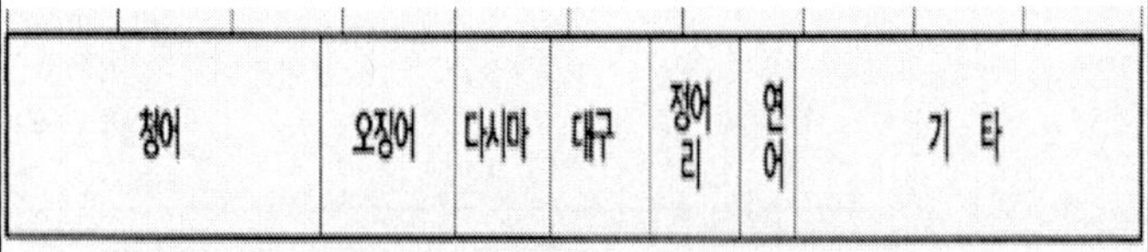

청어	오징어	다시마	대구	정어리	연어	기 타

홋카이도지방의 주요 수산물 생산액 비교
총 생산액 약 4,200만엔(1928년)

청어, 오징어, 다시마, 대구 등의 산출액이 높기로는 우리나라에서 이 지방에 비할 곳이 없다. 강에서는 연어가 많이 잡힌다. 이들 수산물은 건어물, 절임, 통조림 등으로 제조되어 대부분 하코다테(函館), 오타루(小樽), 네무로(根室)에서 출하된다.

홋카이도본섬의 청어 양륙(揚陸)

공업

도마코마이(苫小牧)에는 대형 제지(製紙)공장, 하코다테 부근에는 시멘트공장, 삿포로(札幌)에는 맥주공장과 제마공장, 무로란(室蘭)에는 제강소(製鋼所)가 있어서, 각각 많은 제품을 생산하고 있다. 이렇게 공업이 왕성하게

무로란(室蘭)의 제강소

된 것은 주로 농산물, 임산물 등 원료가 풍부한데다, 석탄 및 수력전기를 얻기 쉽기 때문이다.

이 지방은 원래 인구가 지극히 적고, 교통이 불편한데

다 산업도 미숙하였지만, 이주해 온 사람이 많아서 인구가 매년 현저하게 증가하여 지금은 280만을 넘었고, 많은 도시도 생겨나서 각종 산업도 크게 진보했다. 특히 농업과 공업의 진보는 두드러지며, 생산액이 많기로는 둘 다 종래 이 지방 제일의 산업이었던 수산업을 능가하게 되었다.

5. 교통

육상교통

토지가 개발됨에 따라 철도도 차츰 연장되었다. 혼슈(本州)의 철도와 철도연락선 편을 지닌 하코다테(函館)선은, 하코다테에서 오타루, 삿포로를 거쳐 아사히가와(旭川)에 이르고, 나아가 소야(宗谷)선을 따라 왓카나이(稚内)에 도달한다. 또 하코다테선에서 분리된 네무로(根室)선은 오비히로(帶廣), 구시로(釧路)를 지나 네무로에 도달하고 있다. 이 외에도 무로란(室蘭)선 등이 있다. 하코다테에서 열차로는 네무로행과 왓카나이행 2개가 있다.

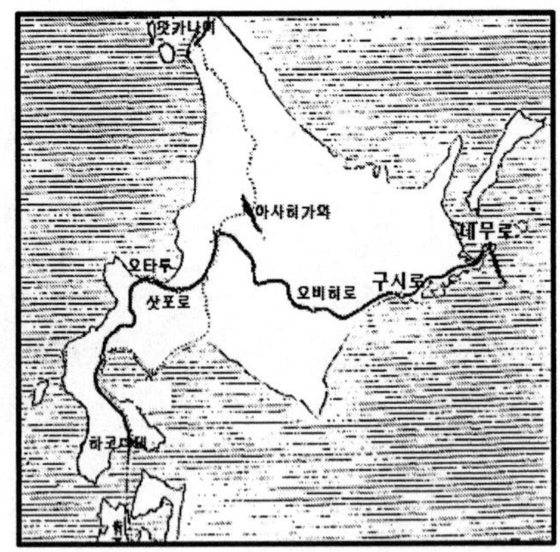

홋카이도의 주요 열차선로

수상교통

해안선은 단조로워서 좋은 항구가 적고, 근해는 겨울철 거친 풍파에 눈도 많은데다, 또 계절에 따라 태평양 방면으로는 안개가 짙고 오호츠크해 방면으로는 유빙이 많기 때문에, 해상교통은 어쨌든 지장이 많다. 그러나 하코다테, 오타루, 무로란 등의 항구는 연중 배가 자유롭게 드나든다. 특히 하코다테와 오타루 두 항은 홋카이도의 문호로서, 블라디보스토크와도 항로가 열려있다.

오타루(小樽)항

6. 주민 · 도읍

주민의 대부분은 이주민으로, 인구는 점차 증가하고 있지만 인구밀도는 아직 낮아서, 조선의 약 3분의 1에 지나지 않는다.

이시카리(石狩)평야와 가와카미(上川)분지는 평야가 넓고 토질이 비옥하여 농산물이 많으며, 상공업도 발달하고 있는 까닭에 인구가 많다.

삿포로는 홋카이도지방의 정치, 경제의 중심지로, 홋카이도청과 홋카이도제국대학이 있으며, 시가지는 도로 폭이 넓고 구획도 바르게 정리되어있다. 삿포로, 오타루, 하코다테는 모두 인구가 15만 정도이다.

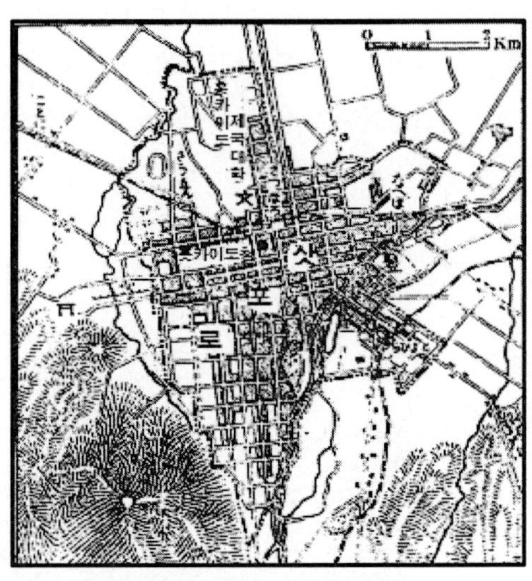

삿포로(札幌) 시가지 지도

삿포로(札幌)

7. 지시마(千島)열도

지시마(千島)열도는 우리나라의 북동단에 있어서, 지시마화산맥이 지나고 있다. 지형이 험하고 겨울의 추위도 극심한 까닭에 주민도 적고 육지의 산물도 매우 적다. 그러나 근해에는 수산물이 많기 때문에 여름철에는 어업을 위해 각지에서 모여드는 사람이 많다.

제5 오우(奧羽)지방

1. 위치 · 구역

오우(奧羽)지방은 쓰가루(津輕)해협을 사이에 두고 홋카이도본섬의 남쪽에 위치하고, 혼슈(本州)의 북부를 차지하며, 행정상 아오모리(靑森), 이와테(岩手), 미야기(宮城), 후쿠시마(福島), 아키타(秋田), 야마가타(山形)의 여섯 현으로 나뉘어져 있다.

2. 지형

오우지방은 남북으로 길게 3줄의 산지가 세로로 뻗어 있으며, 그 사이에 대강 2열의 저지대(低地)가 있다.

중앙부

중앙에 있는 산지를 오우산맥이라 하며, 이에 연접하여 반다이산(磐梯山) 등을 포함한 나스(那須)화산맥이 지나고 있다. 오우산맥은 나스화산맥과 함께 이 지방을 동서 2부로 나누는 큰 분수령을 이루고 있다.

동부

동부 산지는 센다이(仙臺)만 때문에 남쪽과 북쪽 둘로 나뉘는데, 북쪽에 있는 것을 기타카미(北上)산맥이라 하고, 남쪽에 있는 것을 아부쿠마(阿武隈)산맥이라 한다. 둘 다 고원(高原)상태로 되어 있어 그리 높지는 않다. 기타카미(北上)산맥 동쪽은 급하게 바다로 직면해 있으며,

작은 만(灣)이 많다. 센다이(仙臺)만의 일부에는 마쓰시마(松島)만이 있다. 이 만(灣) 안쪽에는 소나무가 우거진 크고 작은 무수한 섬이 있어서 풍경이 매우 아름답다.

오우지방 지형의 약도와 단면도

	중앙의 산지와 기타카미산맥 및 아부쿠마(阿武隈)산맥 사이에는 기타카미가와(北上川)와 아부쿠마가와(阿武隈川)가 흐르고, 강을 따라서 좁고 긴 평야와 분지가 있다.  마쓰시마(松島)
서부	서부의 산지는 곳곳에서 끊겨있지만, 대체로 이어지는 산맥이며, 남부의 에치고(越後)산맥은 높은데 비해 북부의 데와(出羽)구릉은 그다지 높지 않다. 이 산지와 중앙의 산지 사이에는 많은 분지가 있으며, 강은 각각 분지의 물을 합류하여 서부 산지를 가로질러 일본해로 흘려보내고 있다. 주요 강은 요네시로가와(米代川), 오모노가와(雄物川), 모가미가와(最上川), 아가노가와(阿賀川) 등이다.
해안	일본해 연안에는 오가(男鹿)반도가 돌출(突出)해 있는 외에, 대체적으로 드나듦이 적으며, 또 강 하류의 해안에 모래해변(砂濱)이 길게 이어져있는 것은 태평양 연안과 다른 점이다.

북부에는 시모키타(下北)와 쓰가루(津輕) 2개의 반도에 둘러 쌓인 무쓰(陸奧)만이 있다.

3. 기후

일반적으로 기온이 낮지만, 토지가 남북으로 길기 때문에 북쪽과 남쪽은 기온차가 상당하다. 일본해 방면에 눈이 많은 것은 북서풍과 큰 분수령이 있기 때문이다.

4. 산업

농업

농산물 가운데 쌀은, 모가미가와(最上川), 오모노가와(雄物川) 연안의 평야와 센다이(仙臺)평야가 그 주산지이다. 또 북부지방에서 콩, 감자, 사과 등이 많이 생산되는 것은 이들이 낮은 기후에 적합하기 때문이고, 사과의 주산지는 히로사키(弘前)부근이다.

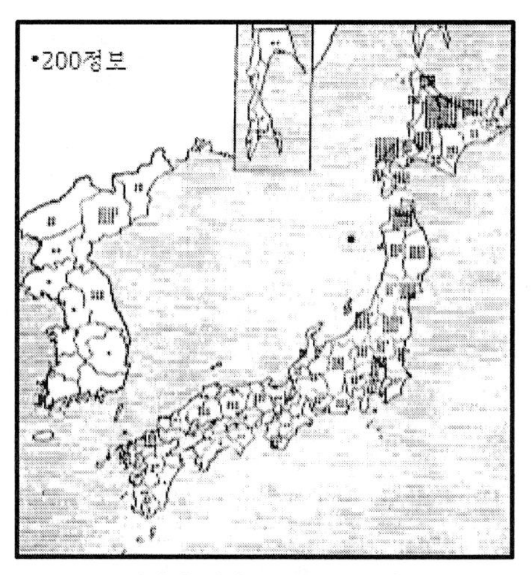

감자의 생산 분포도(1928년)

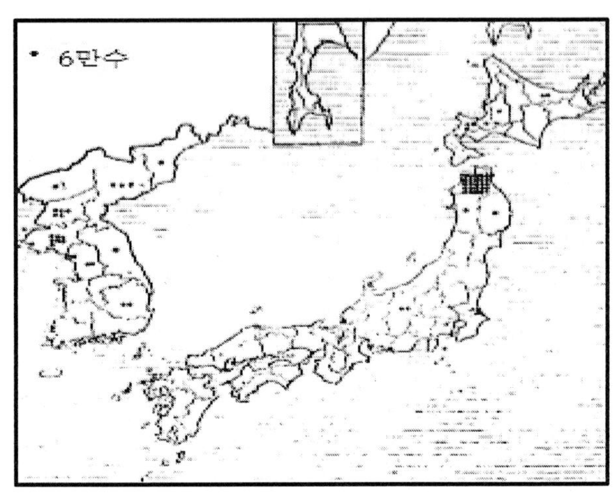

사과의 생산 분포도

사과의 수확

남부지역은 기온이 다소 높기 때문에 뽕의 성장에 적당하여 양잠이 널리 행해지고 있다.

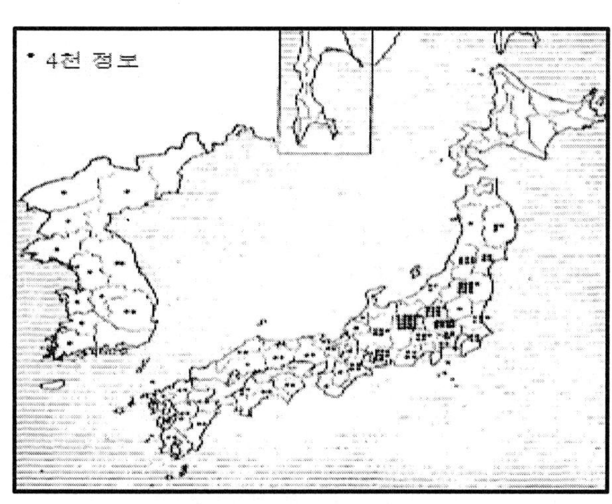

뽕밭의 분포도(1928년)

목축업

태평양방면으로는 벌판이 많고 비가 적기 때문에 말 목축이 활발하여, 모리오카(盛岡)나 시라가와(白河)에는 매년 가을에 큰 마시장(大市)이 열린다.

오우(奧羽)지방	규 슈 지 방	홋카이도지방	간토지방	주부지방	기타지방

말 마릿수(頭數)의 비교
총수 약160만 마리(1928년)

임업

서부지방에는 산림이 많으며, 특히 요네시로가와(米代川) 유역에 드넓은 삼나무(杉) 숲이 있다. 그 강 하구의 노시로(能代)항은 목재의 집산지로, 제재업도 활발하다.

노시로(能代)항의 제재소

광업	가마이시(釜石) 부근에는 철광산(鐵山)이 있고, 가마이시(釜石)에는 제련소(製鍊所)가 있다. 아부쿠마(阿武隈)산맥 남부에는 간토지방의 탄전에 버금가는 조반(常磐)탄전이 있는데, 이 석탄은 도쿄 방면으로 공급되고 있다. 요네시로가와나 오모노가와 유역에는 구리(銅)나 은(銀)을 생산하는 광산이 많은데, 특히 고사카(小阪)광산은 우리나라 굴지의 광산이다. 이 외에도 아키타(秋田)부근에는 유명한 유전(油田)이 있는데, 그 원유가 주로 쓰치자키(土崎)항에 있는 정유소(製油所)에서 정제(精製)된다.

	 쓰치자키(土崎)항의 정유소(製油所)
수산업	태평양방면의 근해나 원양에는 수산물이 많고, 해안에는 어선의 출입에 편리한 곳이 많은 까닭에 어업이 활발하여 주로 정어리, 가다랑어, 고래 등이 많이 잡힌다. 또 이 해안지방에서는 가다랑어포, 정어리깻묵을 많이 생산한다.
공업	공업은 대체로 활발하지 않지만, 양잠업이 왕성한 남부지방에는 제사업과 견직물업이 성행하고 있다. 특히 아부쿠마(阿武隈)산맥 계곡 곳곳의 하부타에(羽二重)와, 모카미가와(最上川) 상류의 요네자와(米澤) 부근의 견직물은 유명하다.
	이 지방 제일의 산업은 농업이지만, 비교적 경지가 적은데다 대체로 기온이 낮기 때문에 농산물 산출액이 적

다. 그러나 산림과 벌판이 많아서 임업이나 목축업은 활발하다. 또한 유용한 광물이 많기 때문에 각지에서 이를 채굴하고 있다.

5. 교통

육상교통

주요 철도로는 남북으로 통하는 것과 동서로 통하는 것이 있다. 도호쿠(東北)선과 오우(奧羽)선은 동서 양쪽의 평야를 거의 남북으로 통하고, 조반(常磐)선과 우에쓰(羽越)선은 동서 양 해안에 연접해 있다. 또한 반에쓰(磐越)선이나 리쿠우(陸羽)선은 산지를 가로질러 동서로 통하고 있다. 아오모리(靑森)에서는 도호쿠(東北), 조반(常磐), 오우(奧羽)선을 거쳐 도쿄에, 또 오우, 우에쓰센(羽越線)을 거쳐 오사카에 도달할 수 있다. 아오모리(靑森)와 하코다테(函館)의 철도연락선은 승객과 함께 화물차(貨車)를 그대로 운반할 수 있는 설비가 되어 있다.

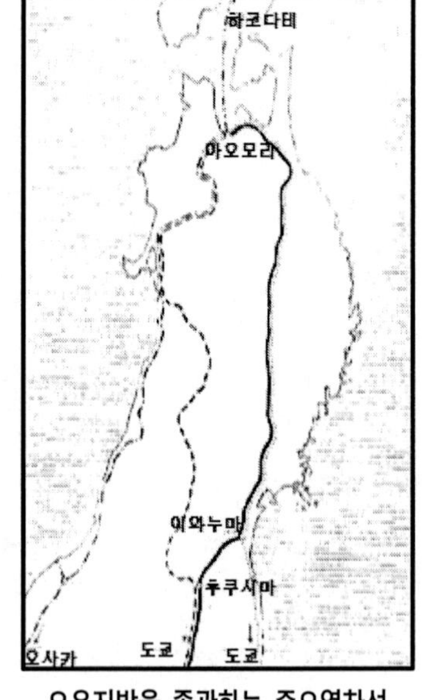

오우지방을 종관하는 주요열차선

아오모리(青森)항과 연락선

일본해방면은 겨울철에 눈이 많이 내리기 때문에, 철도 곳곳에 제설터널을 설치하고 있는데, 그럼에도 불구하고 쌓인 눈으로 인해 기차 교통이 자주 방해 받는다.

방설(雪除け)터널

수상교통	태평양연안도 일본해연안도 모두 좋은 항구가 부족하기 때문에, 해상교통은 불편을 면할 수 없다. 특히 일본해방면은 겨울철에 풍파가 거칠고 눈이 많아서, 더욱 불편하다. 그러나 아오모리(青森)는 혼슈의 북단에 있는 항구이며, 시오가마(鹽釜)는 어항(漁港), 오미나토(大湊)는 해군의 요항(要港)이다.
	6. 주민 · 도읍
	인구밀도는 혼슈(本州)의 다른 지방에 비하면 가장 낮고, 조선과는 거의 비슷하다. 그러나 3열의 산맥 사이에 있는 평지와 모가미가와(最上川), 오모노가와(雄物川) 하류의 평지는, 산업이 발달하고 교통이 편리하기 때문에 인구밀도가 높은 도시가 많다. 도호쿠(東北)선과 오우(奥羽)선은 이들 도시가 많은 지역을 통과하고 있다.
동부	동부의 평야에서 도호쿠선에 연접해 있는 주된 도시로는 모리오카(盛岡), 센다이(仙臺), 후쿠시마(福島), 고리야마(郡山) 등이 있다. 센다이는 이 지방 제일의 도시로, 인구는 약 19만이며, 도호쿠(東北)제국대학이 있다.
서부	서부의 평야에서 오우(奥羽)선에 연접해 있는 도시는 히로사키(弘前), 아키타(秋田), 야마가타(山形), 요네자와(米澤) 등이며, 반에쓰(磐越)선에 연접해 있는 와카마쓰(若松)는 아이즈(會津)분지의 중심지이다.

와카마쓰의 동쪽에 있는 이나와시로(猪苗代)호수는 아이즈(會津)분지에 비하면 300미터나 높기 때문에, 여기에서 흘러나오는 물을 이용한 발전소가 있다. 그 전력은 멀리 도쿄로 보내지고 있다.

이나와시로(猪苗代) 발전소

이들 도시 가운데 아오모리(青森), 모리오카(盛岡), 센다이(仙臺), 후쿠시마(福島), 아키타(秋田), 야마가타(山形)는 각각 현청(縣廳)소재지이다.

제6 간토(關東)지방

1. 위치 · 구역

도쿄부(東京府)와 이바라키(茨城), 지바(千葉), 도치기(栃木), 군마(群馬), 사이타마(埼玉), 가나가와(神奈川) 6현이 있는 구역을 간토(關東)지방이라 한다. 이 지방은 주부(中部)지방과 함께 혼슈(本州)의 중앙부에 위치하고 있다.

2. 지형

서부 서부 산지에는 간토(關東)산맥이 있고, 그 남서부에는 후지(富士)화산맥에 속해 있는 하코네(箱根)화산이 있다. 하코네는 온천과 경치 좋기로 유명하다.

간토지방 지형의 약도와 단면도

북부

북부의 산지에는 미쿠니(三國)산맥과 나스(那須)화산맥이 있다. 나스화산맥에는 나스, 난타이(男體), 아카기(赤城), 하루나(榛名) 등 여러 화산이 있어서, 간토평야의 북쪽을 경계 짓고 있다. 또 이들 화산을 따라서 시오바라(鹽原), 이카호(伊香保) 등 유명한 온천이 있다. 난타이산(男體山) 기슭에는 주젠지(中禪寺)호수가 있는데, 그 물이 흘러 떨어지면서 게곤노타키(華嚴瀧)를 이룬다.

주젠지(中禅寺)호와 게곤노다키(華厳滝)

간토평야

이들 산지 외에는 전체가 낮은 평지로, 우리나라에서 가장 넓은 간토평야를 이루고 있다.

하코네산(箱根山)

	산지에서 흘러나온 강은 평야를 완만하게 흐르고 있다. 주요 강은 나카가와(那珂川), 도네가와(利根川), 다마가와(多摩川), 사가미가와(相模川) 등이다. 그 중에서도 도네가와가 가장 길고 지류(支流)도 많아서, 유역 곳곳에는 호수가 있다. 가스미가우라(霞浦)는 그 중 가장 큰 것으로, 도네가와로 통해 있다.
해안	남부에는 구릉이 많은 보소(房總), 미우라(三浦) 두 개의 반도가 있어, 도쿄만이 이 사이로 깊이 흘러들어가고 있다. 그 밖의 부분은 해안선의 드나듦이 적고 모래해변이 많기 때문에 좋은 항구가 거의 없다.
	3. 기후
	북부와 서부는 산지로, 남쪽과 동쪽은 바다에 면하고, 근해에는 난류가 흐르고 있어서 대체적으로 따뜻하다. 특히 보소(房總)반도의 남부나 사가미(相模)만 연안은 기후가 좋다.
	4. 산업
농업	이 지방은 기후가 온화하고 토지도 비옥하기 때문에, 농업이 크게 발달해 있다. 주된 농산물은 쌀, 보리, 감자, 야채, 담배인데, 그 중에서도 보리는 그 산출액이 많아서, 내지의 보리 총생산액의 거의 4분의 1에 이르고 있다. 또 서부와 북부지방은 양잠업이 매우 왕성하다.

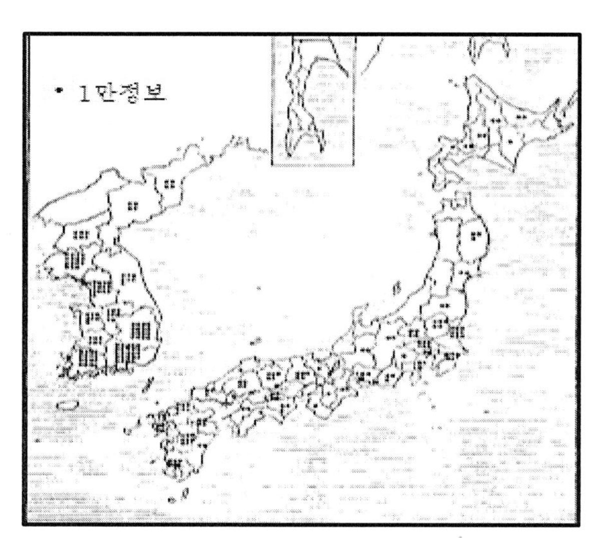

보리 생산액 분포도(1928년)

간토지방	규슈지방	기타지방	조선지방
내지			

보리 생산액 비교(보리, 쌀보리, 밀, 귀리),
연생산액 약5,900만 헥터리터(1928년)

주부지방	오우지방	규슈지방	긴키지방	간토지방	기타지방	조선지방	대만지방
내지							

쌀 생산액 비교
연생산액 약14,500만 헥터리터(1928년)

	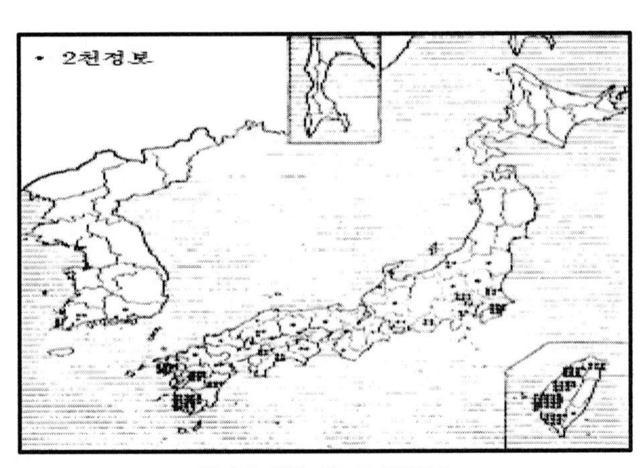 감자의 생산 분포도(1928년)
광업	북부의 산지에는 아시오(足尾), 히타치(日立) 2대 광산이 있으며, 모두 큰 제련소를 가지고 있어서, 다른 광산의 광석도 제련하고 있다. 그 제련량(製錬高)은 두 광산 공히 동(銅)이 제일 많으며, 금과 은도 적지 않다. 석탄은 조반(常磐)탄전에서 생산한다.  히다치광산

수산업

근해에는 난류가 있어서 수산물이 풍부하기 때문에 어업이 활발하다. 정어리와 다랑어가 많이 잡히고, 주로 도쿄로 보내어진다. 또 도쿄만의 북부에서는 얕은 조류를 이용하여 활발하게 김 양식을 하고 있다.

공업

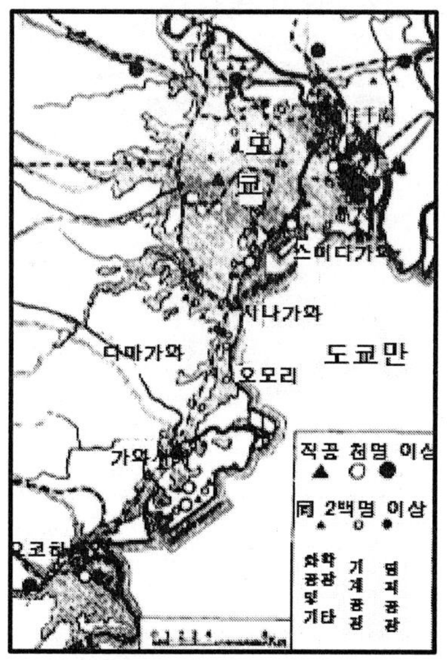

도쿄·요코하마 및 부근의 공장 분포

양잠이 활발한 지방에는 제사업, 견직물업이 발달하고 있다. 생사의 주산지는 마에바시(前橋)이며, 견직물의 주산지는 기리후(桐生), 아시카가(足利), 이세자키(伊勢崎), 하치오지(八王子) 등이다.

도쿄, 요코하마 및 그 부근은 우리나라의 일대 공업지구를 이루는데, 큰 공장이 많이 있어 면사, 모직물, 사탕, 맥분, 기계, 종이, 비료, 잡화 등을 제조하고 있다.

5. 교통

간토평야는 산업이 발달함에 따라, 교통은 대체적으로 편리하다. 특히 도쿄, 요코하마 부근은 기차, 전차, 자동차 등교통기관이 매우 발달되어 있는 곳이다. 도쿄 시내에는 지하철도도 개통되어 있다. 주요 철도는 도쿄를 기점으로 각지로 통하고, 주요 항로는 요코하마를 기점으로 국내외 여러 항구로 통하고 있다.

도쿄의 지하철도

육상교통

도카이도(東海道)선은 우리나라 주요철도로, 도쿄를 기점으로 요코하마, 나고야, 교토, 오사카를 지나 고베까지이며, 여기에서 산요(山陽)선으로 접속되고 있다.

도쿄역

도호쿠(東北)선과 조반(常磐)선은 도쿄에서 출발하여 둘 다 오우(奧羽)지방으로 가고, 주오(中央)선은 도쿄에서 주부(中部)지방의 산지를 지나 나고야(名古屋)에서 도카이도(東海道)선과 합류한다. 도카이도선, 도호쿠선 및 산요(山陽)선은 모두 혼슈(本州) 철도의 간선으로, 설비가 가장 잘 정비되어, 기차의 속력도 가장 빠르고 왕복회수도 많다.

또한 오미야(大宮)와 다카사키(高崎) 사이에는 다카사키(高崎)선이 있어 도호쿠선과 신에쓰(信越)선을 연결하고, 신에쓰선은 다카사키에서 시작하여 니가타(新潟)에 이른다. 도쿄와 니가타 간의 지름길인 조에쓰(上越)선도 개통되어 있다.

우스이(碓氷)고개의 철도

도카이도(東海道)선이나 주오(中央)선, 신에쓰(信越)선이 간토평야를 지나 서부 또는 북부의 산지를 넘는 곳에는 터널이 많다. 또 신에쓰선의 우스이(碓氷)고개는 유난히 급경사 지역이기 때문에, 아프트식(=톱니바퀴식) 철도가 설치되어 있다.

항공교통	다치카와(立川)와 하네다(羽田)는 도쿄 인근에 있는 비행장이며, 하네다를 기점으로 경성과의 사이에 정기항공로가 열려 있다.
수상교통	요코하마(橫濱)를 기점으로 하는 외국항로는 남북아메리카주, 중국, 인도, 유럽주, 오스트레일리아 등 세계 각지의 항구와 통하고 있다. 따라서 요코하마에는 국내외의 기선이 끊임없이 드나든다.  요코하마(橫濱)항의 생사 선적 또한 도네가와(利根川)는 가스미가우라(霞浦)나 스미다가와(隅田川) 등과 항로가 연결되어 있어서, 기선도 왕래하고 있다. 우리나라에서 수운편이 가장 많은 곳은 도네가와이다.
통신	우편, 전신, 전화는 모두 도쿄를 중심으로 각지로 통하고 있다. 오가사와라(小笠原)제도의 지치시마(父島)에 이르는 해저전선은 거기서 미국의 태평양 해저전선과 접속한다.

	또한 도쿄무선전신국은 세계에서도 유명한 것으로, 멀리 미국과도 통신하고 있다.
	6. 주민 · 도읍
	지형과 산업과 교통 등의 관계로 인구는 대단히 많아서 전국 총인구의 약 7분의 1을 차지하며, 인구밀도는 우리나라의 각 지방 중에서 제 1위이다. 따라서 평야 지방에는 크고 작은 도시가 대단히 많아, 인구 1만 이상의 도시가 100개 이상이나 된다. 그 중에서도 도쿄는 인근의 도시와 마을을 합하면, 인구 약 500만이 되는, 세계 굴지의 대도시이다.
도쿄	도쿄는 우리나라의 수도로, 아라가와(荒川) 하류의 저지대(低地)에서 서쪽 대지(臺地)에 걸쳐있는 도시이다. 궁성(宮城)을 비롯하여 내각(內閣), 여러 관청(官省), 일본은행 등등 정치, 경제의 중앙기관은 모두 여기에 모여 있으며, 제국의회의 의사당도 여기에 있다. 또 여러 외국의 대사관이나 공사관도 이곳에 두고 있다. 도쿄는 도쿄제국대학과 그 밖의 각종 학교, 박물관, 도서관 등이 갖추어져 있는 우리나라 학술의 중심지로, 도서출판이 왕성한 것으로도 국내 제일이다. 또한 대형 은행, 회사, 공장 등도 많아, 상공업이 대단히 크게 성행하고 있다.

도쿄 시가지(니혼바시 부근)

도쿄 및 그 부근에는 신사(神社) 사당(祀)이나 명소가 적지 않다. 신사로는 메이지(明治)신궁, 야스쿠니(靖國)신사가 있다. 하치오지(八王子) 부근에는 다이쇼(大正)천황의 황릉이 있다.

요코하마

요코하마(橫浜)는 고베(神戶)와 더불어 우리나라의 2대 개항장(開港場)으로, 인구는 약 60만이다. 항구는 넓고 깊어서 방파제(防波堤), 부두(棧橋), 피양소 등 수륙(水陸) 설비가 잘 정비되어 있어, 대양(大洋)을 항해하는 큰 기선도 자유롭게 출입할 수가 있다. 무역은 주로 수출이며, 그 금액은 우리나라 총 수출액의 약 5분의 2를 차지하고 있다.

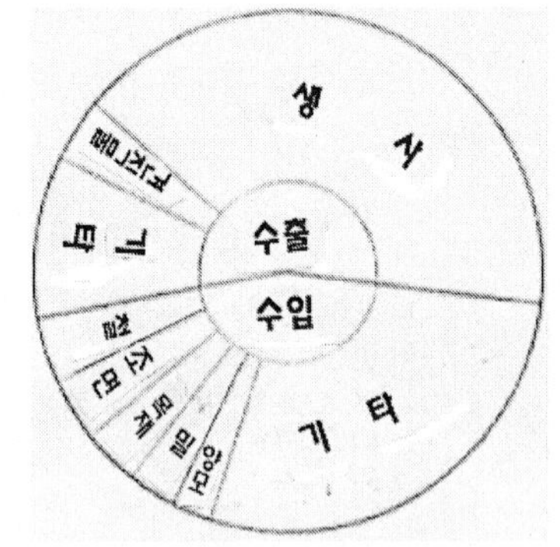

요코하마항 수출입 비교도
연 수출액 약7억4천만엔(1928년)
연 수입액 약6억1천만엔(1928년)

요코하마(横浜)항

우리나라 제일의 수출품인 생사(生絲)는 대부분 이곳에서 선적되어, 주로 미국으로 나간다. 더욱이 이 항구에서는 견직물(絹織物)도 수출된다. 수입품은 철, 조면(繰綿, 씨만 빼고 아직 타지 않은 상태의 솜), 목재, 밀, 양모 등 주로 공업의 원료품이다.

요코하마, 미토(水戶), 지바(千葉), 우쓰노미야(宇都宮), 마에바시(前橋), 우라와(浦和)는 현청 소재지이다. 도쿄만 입구에 가까운 요코스카(横須賀)는 군항(軍港)으로 발달한 곳으로, 함선(艦船), 병기를 제조하는 해군 공장이 있다. 가마쿠라(鎌倉)는 역사적으로 유명한 곳이다. 닛코(日光)는 도쇼구(東照宮)가 있는 곳으로, 자연적인 아름다움과 인공적인 아름다움을 겸하여, 그 명성이 외국에까지 알려져 있다. 다카사키(高崎)는 상업지로, 노다(野田)는 장유(醬油)의 산지로 유명하다.

닛코(日光)의 도쇼구(東照宮)

7. 이즈(伊豆)7도 · 오가사와라(小笠原)제도

오시마(大島), 하치조지마(八丈島) 등의 이즈7도(伊豆七島)와, 지치시마((父島), 하하지마(母島) 등의 오가사와라(小笠原)제도는 사가미(相模)만의 남쪽에 남북으로 늘어서 있으며, 도쿄부(東京府)에 속해 있다. 후지(富士)화산맥에 연접해있어서 화산이 많으며, 그 중에서 유명한 것은 오시마(大島)의 미하라야마(三原山)이다.

이들 여러 섬은 위치가 남쪽에 있는데다, 난류의 영향을 받아 기온이 높은데, 오가사와라제도는 특히 따뜻하여 사탕수수를 재배한다. 근해는 어류가 많아서 어업이 활발하다.

지치시마(父島)의 후타미(二見)항은 여러 섬 중에서 유일하게 좋은 항구로, 내지(內地)와 남양(南洋)제도 간의 교통의 요지이다.

제7　주부(中部)지방

1. 위치・구역

시즈오카(静岡), 아이치(愛知), 기후(岐阜), 나가노(長野), 야마나시(山梨), 니가타(新潟), 도야마(富山), 이시카와(石川), 후쿠이(福井) 9현이 속한 구역을 주부(中部)지방이라 하며, 혼슈의 중앙부를 차지하고 있다.

2. 지형

중앙부

이 지방은 혼슈 가운데서도 가장 폭이 넓은 곳이며, 그 중앙부에는 일본알프스라 불리는 히다(飛驒), 기소(木曾), 아카이시(赤石) 3대 산맥이 각각 남북으로 걸쳐 나란히 뻗어 있다.

주부(中部)지방 지형의 약도와 단면도

이들 산맥은 내지(內地)에서 가장 높고 험준한 곳으로, 주부지방의 주된 분수령을 이루고 있다. 히다(飛驒)산맥에는 야리가다케(鎗岳), 시로우마가다케(白馬岳) 등의 산들이 솟아 있으며, 이 산맥을 따라서 온타케(御岳)화산맥이 통하고 있고, 온타케(御岳), 노리쿠라가타케(乘鞍岳) 등 높은 화산이 그 가운데에 있다.

야리가다케(鎗岳)의 눈골짜기와 정상

시로우마가다케(白馬岳)

이들 산은 모두 지극히 높고 험준하기 때문에 그 경관이 웅대하다. 산 정상에는 여름에도 겨울에 쌓인 눈이 다 녹지 않아서, 소위 눈 계곡을 형성하고 있는 곳도 있다. 아카이시(赤石)산맥은 히다(飛驒)산맥에 뒤지지 않는 높은 산맥이다.

동부

이 지방의 동부에는 후지화산맥이 남북으로 통하고 있다. 이 화산맥의 주봉은 후지산으로, 높이는 약 3,800 미터로 사시사철 눈에 덮여 있고, 스루가(駿河)만 연안으로 솟아있는 모습은 특히 아름다워 우리나라 제일의 명산으로 꼽힌다. 또한 이 지방에는 동쪽 경계에 있으며 끊임없이 연기를 분출하고 있는 아사마산(淺間山)과 히다(飛驒)고지의 서쪽으로 솟아있는 하쿠산(白山) 등 유명한 화산이 있다.

후지산과 오미야(大宮)부근의 제지공장

	이들 화산이 있는 곳에는 온천지가 많다. 그 중에서도 후지화산맥에 해당되는 이즈(伊豆)반도의 아타미(熱海), 슈젠지(修善寺)가 가장 유명하다.
태평양방면	태평양방면의 주요 강은 기소가와(木曾川), 덴류가와(天龍川), 오이가와(大井川), 후지가와(富士川) 등이다. 이들 강의 하류에는 각각 연안 평야가 있다. 가장 넓은 것은 기소가와(木曾川) 하류의 노비(濃尾)평야로, 간토(關東)평야 다음으로 큰 평야이다. 태평양연안에는 동쪽으로 이즈(伊豆)반도가 있어서, 경관이 좋은 스루가(駿河)만의 동쪽을 품고, 서쪽으로 이세(伊勢)바다가 깊이 들어와 있다. 스루가만 연안에는 시미즈(淸水)항이 있고, 이세바다의 연안에는 나고야항이 있다. 스루가만과 이세바다의 사이에는 하마나(濱名)호수와 미카와(三河)만이 있다.
일본해방면	일본해방면의 주요한 강은 시나노가와(信濃川), 구로베가와(黑部川), 진즈가와(神通川) 등이다. 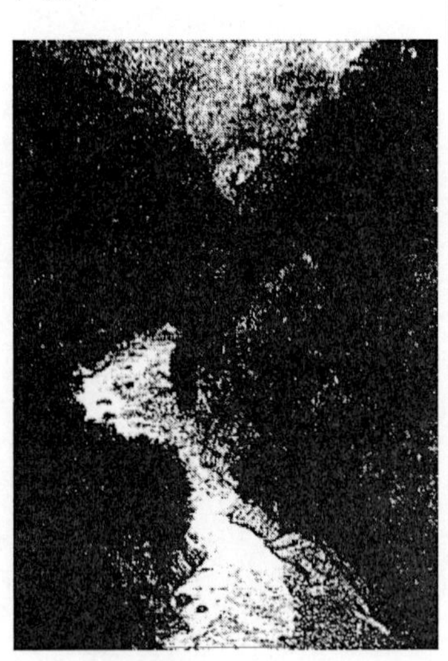 구로베가와(黑部川)

시나노가와는 혼슈에서 제일 긴 강으로, 길이는 약 400킬로미터나 된다. 그 하류 유역은 에치고(越後)평야로, 노비(濃尾)평야 다음으로 넓은 평야이다.

일본해연안에는 남서부에 와카사(若狹)만이 있다. 이 만(灣)의 연안에는 작은 만이 많고, 쓰루가(敦賀)라는 좋은 항구가 있다. 중앙 부분에는 노토(能都)반도가 돌출되어 있으며, 그 동쪽에 나나오(七尾)항이 있다. 그 밖의 다른 부분은 해안선의 드나듦이 적은데다 모래해변이 많아서 자연적인 좋은 항구가 부족하다. 니가타(新潟)와 후시키(伏木) 두 항구는 일본해 방면에서 중요한 항구이지만, 해안의 항구가 아닌 강어귀를 이용한 항구이다.

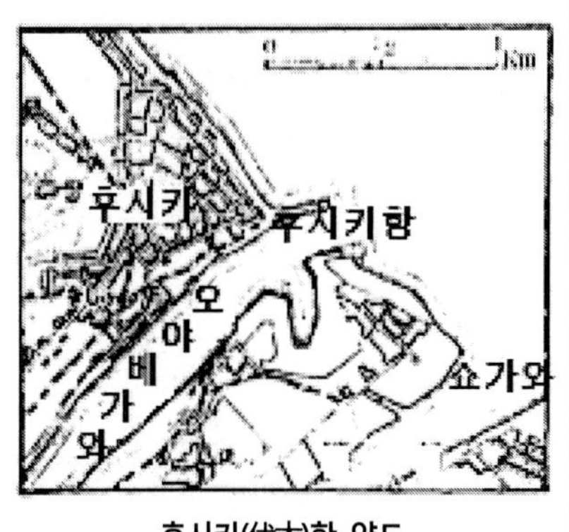

후시키(伏木)항 약도

근해에는 사도가시마(佐渡島) 외에는 섬이 거의 없다.

3. 기후

태평양 연안지방은 지형과 난류의 영향으로 기후가

온화하며, 여름에는 강우량이 많다. 일본해 연안지방은 겨울에 강우량이 많으며, 스키로 이름 높은 다카다(高田) 부근처럼 눈이 많은 지방도 있다. 중앙부는 지형의 영향으로 강우량이 적고, 또 해안지방 보다도 겨울 추위가 심하다.

스키(다카다(高田) 부근)

스와(諏訪)호수는 내지에서 얼음지치기가 가장 성행하는 곳이다.

다카다(高田)의 적설과 썰매인력거

4. 산업

농업

노비(濃尾)평야와 에치고(越後)평야는 토지가 넓고 평평하며, 관개시설이 잘 되어 있다. 우리나라 쌀의 주산지이며, 나고야(名古屋), 니가타(新潟)는 주된 집산지를 이루고 있다. 또한 노비평야는 보리, 야채 등의 생산액도 많다. 시즈오카(靜岡)현 해안지방은 기후가 온난해서 차(茶)와 밀감 생산액이 많으며, 시즈오카에서는 차(茶)의 정제나 거래가 활발하다. 제조된 차는 시미즈(淸水)항에서 주로 미국으로 수출된다.

시미즈(淸水)항의 차(茶) 출하

시즈오카현	기타현		교토부	기타부현		
주부지방		타이완지방	긴키지방		규슈지방	기타 지방

중앙부와 태평양 연안지방은 대개 양잠업이 활발하고, 나가노(長野), 아이치(愛知) 2현은 고치(繭)의 생산액이 특히 많은 곳이다.

임업

중부지방에서 가장 이름난 임업지는 기소가와(木曾川) 상류 유역의 기소다니(木曾谷)이다.

기소(木曾)삼림과 삼림철도

이곳에는 노송나무, 화백(花柏)나무 등 좋은 목재가 많다. 이 목재의 주된 집산지는 나고야이다.

니가타(新潟)현의 유전

광업	시나노가와(信濃川) 하류 부근은 아키타(秋田)부근과 함께 우리나라 석유의 주산지로서, 도처에 유정(油井)망루가 숲처럼 늘어서 있다. 또 사도가시마(佐渡島)에서는 금을 생산한다.
수산업	근해에는 대체로 어업이 행해지며, 특히 난류가 흐르고 있는 태평양방면의 근해 및 원양에서는 가다랑어 어획량이 많아, 시즈오카(靜岡)현에서는 왕성하게 가다랑어포를 제조하고 있다. 일본해 방면에서는 도야마(富山), 후쿠이(福井) 두 현으로 많은 어획물이 집산된다.
공업	양잠업이 활발함에 따라 제사업도 왕성하여, 나가노(長野), 아이치(愛知) 2현은 생사(生絲)의 생산액이 다른 여러 현보다 많으며, 특히 나가노현은 우리나라의 생사 총생산액의 대략 4분의 1을 생산해 내고 있다. 스와(諏訪)호 연안의 오카야(岡谷)는 우리나라 제사업(製絲業)의 큰 중심지로서, 크고 작은 허다한 제사공장이 늘어서 있고, 각지에서 모은 누에고치로 활발하게 생사를 제조하고 있다.

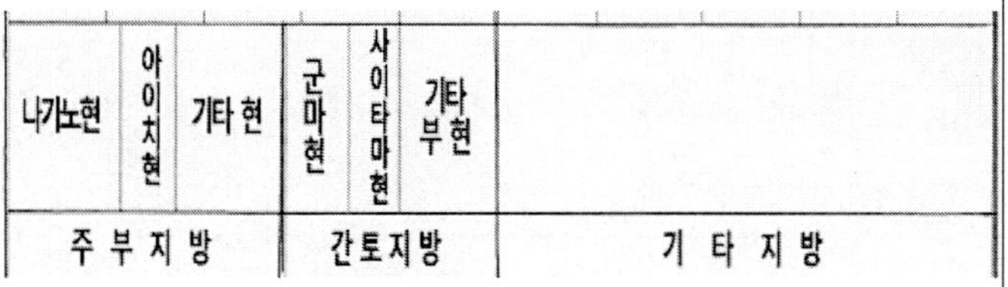

나가노현	아이치현	기타 현	군마현	사이타마현	기타 부현	
주부지방			간토지방			기타 지방

누에고치 생산량 비교
연 생산액 약3억7천만 킬로그램(1928년)

오카야(岡谷)의 제사공장

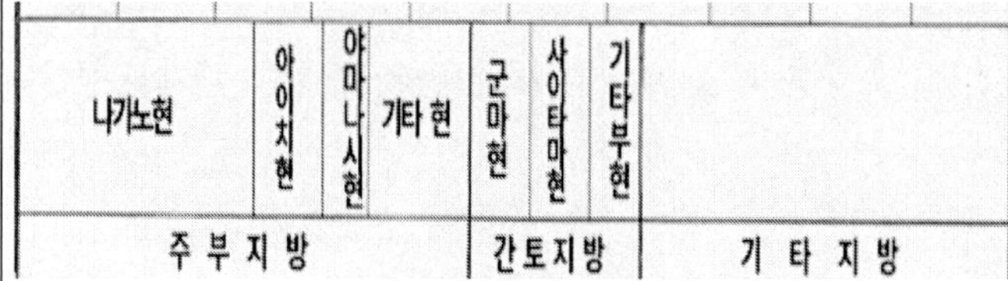

생사의 생산액 비교
연 생산액 약8억 4,000만엔(1928년)

일본해의 연안지방은 대체적으로 견직물업이 발달하였는데, 그 중에서도 후쿠이(福井), 가나자와(金澤) 및 그 부근은 우리나라에서 하부타에(羽二重), 후지(富士)견의 주산지이다.

후쿠이현	이시카와현	기타 현	군마현	기타 부 현	교토부	기타부현
주부지방			간토지방		긴키지방	기타지방

견직물 생산액 비교
연 생산액 약5억 5,000만엔(1928년)

나고야(名古屋) 및 그 부근은 여러 종류의 공업이 왕성하고, 제조 및 산출액이 많은 것은 면직물, 면사, 모직물, 도자기, 시계 등이다. 도자기는 우리나라 주요 수출품의 하나로, 세토(瀨戶), 다지미(多治見), 가나자와(金澤)에서도 생산된다.

나고야(名古屋)의 도자기 공장

또 시즈오카(靜岡)와 와지마(輪島)에서는 칠기(漆器)를, 도야마(富山)에서는 판매할 약(藥)을, 하마마쓰(濱松)에서는 면직물과 악기 제조를 하며, 후지산(富士山) 기슭 오미야(大宮) 부근에는 수많은 제지공장이 있어서 종이(洋紙)를 제조하고 있다.

시나노가와(信濃川)와 기소가와(木曾川)를 이용하여 발전한 전력은 멀리 도쿄나 오사카로도 송전되고 있다.

이 지방의 큰 강 하류 유역이나 그 밖의 해안 지방에는 여러 가지 산업이 왕성한데, 특히 태평양 연안지방은 농업, 공업, 상업 등 모두 다 왕성하다. 또 중앙부에는 도처에 분지가 있어서, 그곳에도 농업이나 공업이 발달해 있다. 산지(山地)에는 임업이 활발한 곳도 있다.

5. 교통

육상교통

이 지방은 높은 산과 급류가 많지만, 그 위치가 긴키(近畿), 간토(關東)지방 사이에 있기 때문에, 예로부터 주요 도로(街道)가 통하고 있다.

오이가와(大井川)의 현 철교와 옛 나루터

	그리하여 철도도 거의 이를 따라 부설되었는데, 태평양 연안에는 도카이도(東海道)선이 있고, 중앙부에는 주오(中央)선이나 신에쓰(信越)선이 있다. 또 일본해연안에는 신에쓰선의 북측 일부인 호쿠리쿠(北陸)선, 우에쓰(羽越)선이 있다. 주오(中央)선은 나고야(名古屋)에서, 호쿠리쿠(北陸)선은 마이바라(米原)에서 도카이도(東海道)선과 연결되며, 또 호쿠리쿠선은 나오에쓰(直江津)에서, 우에쓰(羽越)선은 니이쓰(新津)에서 신에쓰선과 연결되어 있다. 주오선이나 신에쓰선에는 크고 작은 수많은 터널이 있다. 일본해방면에서 겨울의 많은 눈이 철도교통에 지장을 주는 일은 오우지방과 비슷하다.
수상교통	태평양방면은 산업이 발달되어 있을 뿐만 아니라, 나고야(名古屋), 시미즈(淸水) 2개의 훌륭한 항구가 있어서, 해상운송 편의는 크게 열려 있다. 이 두 항구에는 외국항로의 기선도 빈번하게 드나든다. 일본해방면은 좋은 항구가 적어서, 태평양방면 만큼 해운은 편리하지 않다. 특히 겨울에는 풍파가 거세고 눈비가 많기 때문에 해상교통은 곤란하다. 그러나 니가타(新潟), 후시키(伏木), 쓰루가(敦賀)의 여러 항은, 항의 설비가 잘 정비되어 왔기에, 이 방면에서 중요한 항구로 여겨지고 있다. 특히 쓰루가(敦賀)는 북부조선(北鮮) 및 시베리아와 내지와의 연결에 대단히 중요한 항구이다.

쓰루가(敦賀)항

나고야(名古屋)무선전신국은 멀리 유럽대륙과 직접 통신하고 있다.

나고야(名古屋)무선전신국 송신소

	6. 주민 · 도읍
태평양방면	노비(濃尾)평야, 에치고(越後)평야 및 그 밖의 해안지방의 여러 평야와 중앙부에 있는 분지는, 산업이 활발하고 교통도 편리한 까닭에 도시가 많다. 특히 태평양 연안에는 현청소재지인 시즈오카(靜岡), 나고야(名古屋), 기후(岐阜)를 비롯하여, 하마마쓰(濱松), 도요하시(豊橋), 오카자키(岡崎), 오가키(大垣) 등 큰 도시가 즐비하다. 그 중에서도 나고야는 노비평야의 남부, 이세바다의 북측 해안에 있는, 인구 90만의 우리나라 굴지의 큰 도시로, 육해교통의 요로(要路)에 해당되며, 공업과 상업도 번창하고 있다.  **나고야(名古屋)성**

일본해방면	일본해 연안지방에 있는 도시 가운데, 니가타(新潟), 도야마(富山), 가나자와(金澤), 후쿠이(福井)는 현청(縣廳) 소재지로, 상공업이 왕성하다. 나가오카(長岡)는 상업에 의해 발달한 곳이다.
중앙부	중앙부의 분지에 있는 주요 도시는 현청소재지인 나가노(長野), 고후(甲府)와 마쓰모토(松本)인데, 나가노는 젠코지(善光寺)가 있어서 유명한 곳이고, 마쓰모토와 고후는 제사업(製絲業)이 왕성한 곳이다. 또한 고후(甲府) 부근에서는 포도재배도 활발하다.

고후(甲府) 부근의 포도농장

제8 긴키(近畿)지방

1. 위치 · 구역

긴키(近畿)지방은 혼슈의 중앙보다 약간 서쪽에 해당하며, 교토(京都), 오사카(大阪) 2부(府)와 미에(三重), 나라(奈良), 와카야마(和歌山), 시가(滋賀), 효고(兵庫) 5현이 속한 구역을 말한다.

2. 지형

긴키(近畿)지방은 북서부와 남부에 산지가 많고, 중앙부에는 평야가 많다.

북서부

북서부의 산지(山地)는 주코쿠(中國) 산맥 동쪽에 있는데, 대체적으로 고원(高原)형태를 이루고 있다.

긴키지방 지형의 약도와 단면도

	일본해연안에는 마이즈루(舞鶴)만과 경치가 아름다운 아마노하시다테(天橋立)가 있다.
	 **아마노하시다테(天橋立)**
남부	남부는 동서로 길게 뻗은 기이(紀伊)산맥이 있는 곳으로 대체적으로 고원형태이지만, 북서부에 비하면 산은 높고 계곡이 깊다. 이 산맥에는 곤고부지(金剛峯寺)가 있는 것으로 유명한 고야산(高野山)과, 사적이나 벚꽃으로 유명한 요시노야마(吉野山)가 있다. 강은 대체로 기이(紀伊)산맥에서 시작되고, 구마노가와(熊野川)는 남쪽으로, 기노카와(紀川)는 서쪽으로 흐르고 있다. 남부의 해안에는 시오노미사키(潮岬)가 돌출해 있다.
중앙부	중앙부에 몇 개의 낮은 산맥이 이어져 있는데, 그 중에는 곤고산(金剛山), 가사기산(笠置山) 등 역사적으로 유명한 산이 있다. 이들의 산맥 사이에는 오미(近江), 교토(京都), 나라(奈良) 등 여러 분지가 있다. 또 오사카(大阪)만과 하리마나다(播磨灘)연안에는 오사카평야와 하리마평야가 있으며, 이세바다연안에는 이세평야가 있다.

비와(琵琶)호와 오쓰(大津)

오미(近江)분지에는 비와(琵琶)호가 있다. 우리나라에서 제일 큰 호수로, 그 물은 오쓰(大津)의 남동에서 흘러나와 요도가와(淀川)가 되어, 교토분지, 오사카평야를 지나 오사카만으로 흘러들어간다. 또 이 호수의 물은 오쓰에서 시작하여 수로(疎水)나 운하(運河)를 따라 흘러, 교토에서 요도가와(淀川)의 지류(支流)인 가모가와(賀茂川)에서 합류한다. 엔랴쿠지(延暦寺)가 있어서 유명한 히에이잔(比叡山)은 비와호 서쪽 해안에 솟아있다.

수로(疎水) 운하(運河)의 인클라인

중앙부의 동쪽으로는 이세바다가 들어와 있어, 그 연안에 욧카이치(四日市)항이 있으며, 서쪽으로는 오사카만이 들어와 있어, 그 연안에 오사카, 고베 2대 상업항이 있다.

오사카만과 하리마나다(播磨灘) 사이에는 아와지시마(淡路島)가 있는데, 혼슈(本州)와의 사이에 아카시(明石), 기탄(紀淡) 양 해협을 끼고 있으며, 시코쿠(四國)와의 사이에 나루토(鳴門)해협을 끼고 있다. 아카시해협의 북쪽 해안은 경치가 아름답기로 유명하며, 나루토(鳴門)해협은 조류(潮流)가 빠르기로 유명하다.

나루토(鳴門)해협

3. 기후

이 지방은 대체로 온화하지만, 북부지역은 겨울에 눈이 많으며, 중앙부는 비가 적게 내리고, 남부는 현저하게 온난하고 여름에는 비가 대단히 많이 내린다.

4. 산업

농업

중앙부의 여러 평야에서는 쌀, 보리, 유채씨 등이 많이 수확된다. 또 기이(紀伊)수로 연안지방은 따뜻하기 때문에 도처에서 밀감이 생산된다. 그 중에서도 가장 유명한 산지(産地)는 아리다가와(有田川)연안이다. 이곳에서 수확한 밀감은 조선, 만주 등으로 송출된다.

아리다가와(有田川)연안의 밀감 산

임업

남부는 따뜻하고 비가 많아서, 수목이 잘 자란다. 특히 기노카와(紀川)나 구마노가와(熊野川) 유역은 삼나무의 조림이 활발하여 좋은 목재를 많이 생산하는데, 구마노가와(熊野川)유역의 것은 주로 강을 통해 신구(新宮)로

기노카와(紀川) 상류 유역의 벌목

보내어지고, 기노카와(紀川)유역의 것은 강 또는 철도로 각지에 송출된다.

기노카와(紀川) 상류의 뗏목

수산업

기이(紀伊)반도 근해는 난류가 흐르고 있어서 어류가 많고, 해안은 어항에 적합하기 때문에, 수산업이 활발하다. 또 아카호(赤穗) 부근에서는 양질의 소금을 생산하고 있다.

공업

중앙부의 여러 평야에서는 공업이 크게 발달하고 있다. 특히 오사카만 연안지방은 우리나라의 일대 공업지구로서,

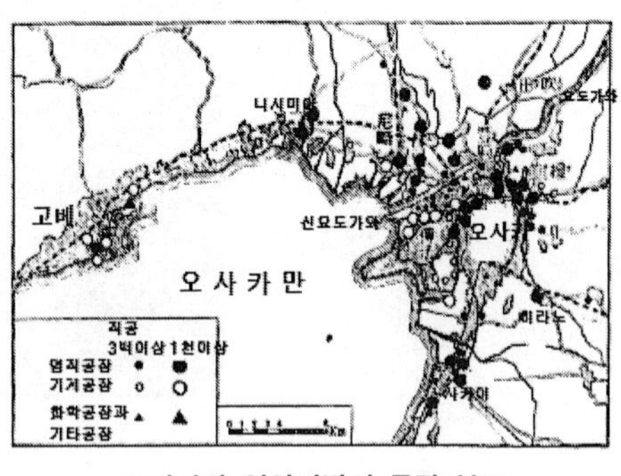

오사카만 연안지방의 공장 분포

고베(神戶), 아마가사키(尼崎), 오사카(大阪), 사카이(堺) 등 공업도시가 서로 맞붙어 있다. 그 중에도 오사카는 곳곳에 큰 공장이 있어서 굴뚝이 숲처럼 늘어서 있어서, 하늘에 매연(煤煙)이 자욱하다.

오사카 북동부의 공장지대

오사카에 있는 방적공장 내부

이 연안지방에서 생산되는 주요 공업제품은 면사, 면직물, 메리야스, 모직물, 성냥, 비료, 기계 등이며, 그 중에서도 면사, 면직물, 메리야스 같은 것은 다른 지방에서 볼 수도 없을 만큼 막대한 생산고를 올리며, 해외에도 많이 수출된다.

따라서 오사카, 고베에서는 상업도 매우 왕성하다.

교토(京都)의 견직물공장

교토(京都)는 견직물, 염색물, 도자기 등의 공업이 활발하며, 그 제품은 모두 다 품질이 우수하다. 또 욧카이치(四日市), 쓰(津), 와카야마(和歌山)에서는 면사와 면직물을 많이 생산하고, 구로에(黑江)에서는 칠기를 생산한다.

교토(京都)부근에 있는 견직물공장 내부

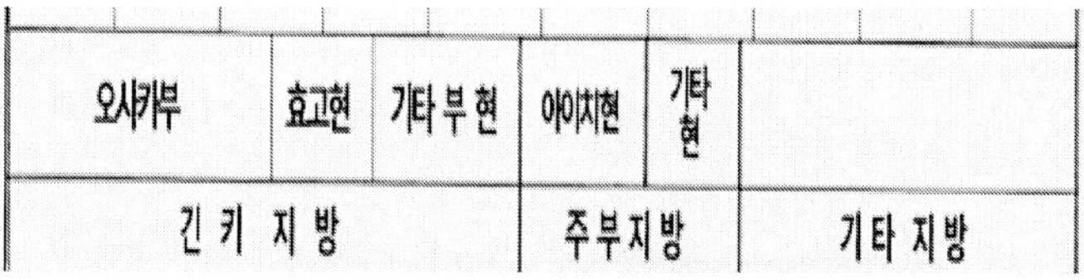

오사카부	효고현	기타 부현	아이치현	기타 현	
긴키 지방			주부지방		기타 지방

면사의 생산액 비교
연생산액 약 5억 7,000만 엔(1928년)

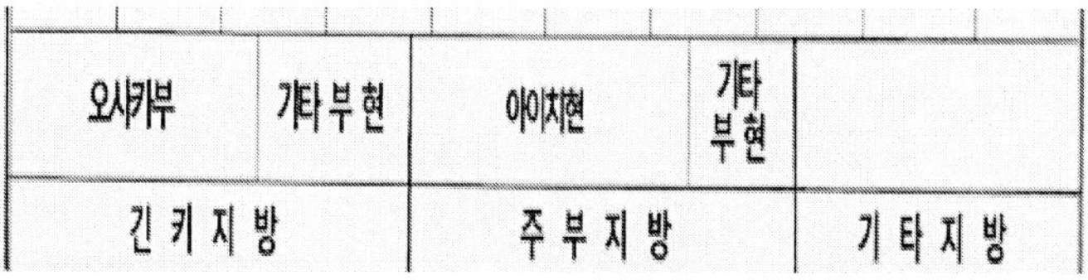

오사카부	기타 부현	아이치현	기타 부현	
긴키 지방		주부 지방		기타 지방

면직물의 생산액 비교
연생산액 약 8억 엔(1928년)

효고(兵庫)현의 나다(灘)지방에는 전국적으로 유명한 양질의 술을 생산하며, 조선쌀(朝鮮米)도 원료의 일부로 사용되고 있다.

5. 교통

육상교통

철도로는 혼슈(本州) 철도의 간선인 도카이도(東海道)선, 산요(山陽)선을 비롯하여 간사이(關西)선, 산인(山陰)선, 호쿠리쿠(北陸)선 등이 있다.

도카이도선은 중앙부의 오미(近江)분지, 교토(京都)분지 및 오사카평야를 지나, 고베(神戶)에 이르러 산요선으로 접속된다. 산요선은 고베에서부터 서쪽의 히메지(姬路)를 지나, 주고쿠(中國)지방의 세토나이카이(瀨戶內海)의 연안을 통과하여 시모노세키(下關)에 이른다. 도쿄와 고베, 고베와 시모노세키도 각각 대략 10시간 정도 걸린다.

고베(神戶)항의 전경

간사이(關西)선은 오사카에서 출발하여 나라(奈良)를 지나, 도중에 산구(參宮)선으로 나뉘고, 나고야에 이르러 도카이도선과 연결된다. 산인(山陰)선은 교토에서 출발하여 북서부의 산지를 지나 주고쿠(中國)지방의 일본해연안을 통과한다.

호쿠리쿠(北陸)선은 마이바라(米原)에서 도카이도(東海道)선과 연결된다.

도쿄와 오사카, 오사카와 고베, 오사카와 나라, 교토와 나라 사이에는 기차 외에 전차도 빈번하게 왕래하여 교통이 대단히 편리하다.

수상교통	이 지방의 여러 항구 가운데 고베, 오사카 2개 항은 내외항로의 기점이 되어, 세토나이카이(瀨戶內海)와 그 밖의 근해는 물론, 중국, 인도, 유럽주, 남북아메리카주, 오스트레일리아 등 세계각지의 항구와도 항로가 통하고 있다. 따라서 아카시(明石), 기탄(紀淡) 양 해협은 해상교통의 요로에 해당되어 배가 끊임없이 왕래하고 있다. 긴키(近畿)지방은 간토(關東)지방과 함께 우리나라에서 교통이 가장 발달되어 있는 곳이어서, 교토, 오사카, 고베는 우리나라에 있어 교통의 요지이다.
	6. 주민・도읍
	중앙부의 여러 평야에는 진무(神武)천황 이래 역대의 황거(皇居)가 있어서 명소나 유적이 많으며, 또 산업도 대단히 왕성하고 교통도 편리하기 때문에, 우리나라에서 인구가 가장 과밀한 곳이다. 특히 오사카만 연안의 공업지구에는 큰 도시가 서로 연이어져 있다.
교토	교토는 교토분지의 북부에 있으며, 도쿄와는 대략 8시간 정도 걸린다. 인구는 95만이며, 간무(桓武)천황 이래 오랫동안 제국의 도읍이었던 곳으로, 교토고쇼(京都御所), 니조리큐(二條離宮) 외에도, 헤이안(平安)신궁, 지온인(知恩院), 동서 혼간지(本願寺)를 비롯하여, 신사 및 사찰이나 명소 및 유적이 대단히 많다.

헤이안(平安)신궁

또한 교토제국대학 및 각종 학교, 박물관 등이 있어서, 우리나라 학술의 큰 중심지를 이루고 있으며, 미술공예품 제작으로는 국내 제일로 일컬어지고 있다.

교토의 남부 모모야마(桃山)에는 메이지(明治)천황, 쇼켄(昭憲)황태후의 능(陵)이 있다. 모모야마(桃山) 부근은 유명한 우지(宇治)차 산지이다.

우지(宇治)의 찻잎 따기

나라

나라(奈良)는 나라시대 70여년 간 제국의 도읍이었던 곳으로, 조소인(正倉院), 가스가(春日)신사, 도다이지(東大寺) 등 나라시대의 유적이 많이 남아 있다.

가스가(春日)신사

나라의 서남쪽에는 호류지(法隆寺)가 있고, 남쪽에는 진무(神武)천황의 능(陵)과 가시와라(橿原)신궁이 있다.

오사카

오사카(大坂)는 요도가와(淀川) 하류 연안의 평야에 위치하며 인구 245만, 도쿄와 견줄만한 대도시이자 긴키지방 서쪽에 위치한 상업중심지로, 우리나라 제일의 공업지역이다.

요도가와(淀川) 하류

오사카(大坂) 시가지(나카노시마(中之島) 부근)

요도가와 하류 및 여기서부터 분리되어 있는 수로나 운하가 시내를 종횡으로 통하여 수운이 편리하기 때문에 물의 도시로도 일컬어지고 있다. 또 항구의 설비가 잘 갖추어져 있어서, 큰 기선도 드나들 수가 있다. 따라서 교통도 무역도 날로 발달하여, 면직물의 수출이 대단히 많다.

오사카(大坂)항

고베	고베(神戸)는 효고(兵庫)현청 소재지이며, 인구 79만, 요코하마(橫濱)와 견줄만한 큰 개항장으로, 항구의 설비가 잘 갖추어져 있어서, 출입하는 기선의 수는 요코하마 보다도 많다. 무역은 요코하마의 경우와 반대로 수입이 주류를 이루며, 그 액수는 우리나라 총수입액의 약 5분의 2를 차지하고 있다. 주된 수입품은 조면(繰綿), 철, 모직사, 양모 등이다. 조면(繰綿)은 우리나라 제일의 수입품으로, 미국, 인도 등에서 이곳으로 오는 것이 가장 많다. 주된 수출품은 생사, 면직물, 견직물 등이다. 고베는 공업도 활발하여 조선소를 비롯하여 여러 종류의 큰 공장이 있다. 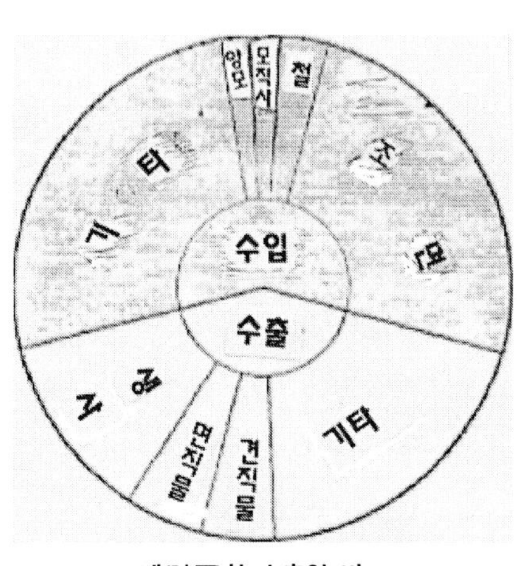 고베(神戸)항 수출입 비교도 연 수출액 약6억3,000만 엔 연 수입액 약8억8,000만 엔 쓰(津), 나라(奈良), 와카야마(和歌山), 오쓰(大津)는 현청소재지로, 각각의 현내(縣內)의 중심지로 되어 있다. 우지야마다(宇治山田)는 황대신궁의 소재지이며, 히메지(姬路)는 하리마(播磨)평야의 중심지이다.

남부는 대부분 산지로, 산업이 진보하지 않아서 교통도 불편하며 도시도 지극히 적다.

초등지리서 권 1 끝

昭和七年三月二十五日翻刻印刷
昭和七年三月二十八日翻刻發行

初等地理一

定價金十八錢

著作權所有

著作兼發行者 朝鮮總督府

京城府元町三丁目一番地
翻刻發行兼印刷者 朝鮮書籍印刷株式會社
代表者 井上主計

發行所 京城府元町三丁目一番地
朝鮮書籍印刷株式會社

조선총독부 편찬(1933)

『초등지리서』 번역

(권2)

初等地理書 卷二

朝鮮總督府

〈목차〉

〈권2〉(1933)

『초등지리서』 권2

제9 주고쿠(中國) 및 시코쿠(四國)지방

1. 위치・구역

주고쿠(中國) 및 시코쿠(四國)지방은 긴키(近畿)지방의 서쪽에 위치하는데, 돗토리(鳥取), 시마네(島根), 오카야마(岡山), 히로시마(廣島), 야마구치(山口) 5현의 구획을 주고쿠지방이라 하며, 가가와(香川), 에히메(愛媛), 도쿠시마(德島), 고치(高知) 4현의 구역을 시코쿠지방이라 한다.

2. 지형

주고쿠지방에는 고원 상태인 주고쿠(中國)산맥이 북쪽으로 치우쳐 동서로 뻗어있고, 시코쿠지방에는 거의 이와 평행하여 시코쿠(四國)산맥이 뻗어있다. 시코쿠산맥은 주고쿠산맥에 비하면, 대체로 산이 높고 험하다. 이 양쪽 고지(高地) 사이에 세토나이카이가 있다. 따라서 이 지방은 지형상 일본해방면, 세토나이카이방면, 태평양방면의 3지방으로 나뉜다.

일본해방면

일본해 방면은 주고쿠산맥에 연접하여 하쿠야마(白山) 화산맥도 있어서, 평야가 부족하고 강은 대체로 짧다. 그러나 고노가와(江川)는 주고쿠에서 제일 긴 강으로, 주고쿠산맥을 가로질러 흐르고 있다. 중앙부에 시마네(島根)반도와 요미가하마(夜見濱)가 있어서 나카노우미(中海)를 에워싸고 있는 것 외에, 해안선의 드나듦이 적다. 섬도 오키(隱岐)를 주된 섬으로 하는 것에 지나지 않는다.

주고쿠지방 및 시코쿠지방 지형의 약도와 단면도

세토나이카이방면

세토나이카이(瀨戶內海)방면은 해안선의 드나듦이 대단히 심하고, 크고 작은 무수한 섬이 있다. 주고쿠(中國)의 세토나이카이방면은 일본해방면에 비하면, 대체로 강도 크고 평야도 넓다. 그 중에서도 오카야마(岡山)평야가 가장 넓다. 시코쿠의 세토나이카이 방면은 주고쿠지방과 상당히 유사하며, 다카마쓰(高松), 마쓰야마(松山) 2개의 평야가 있다.

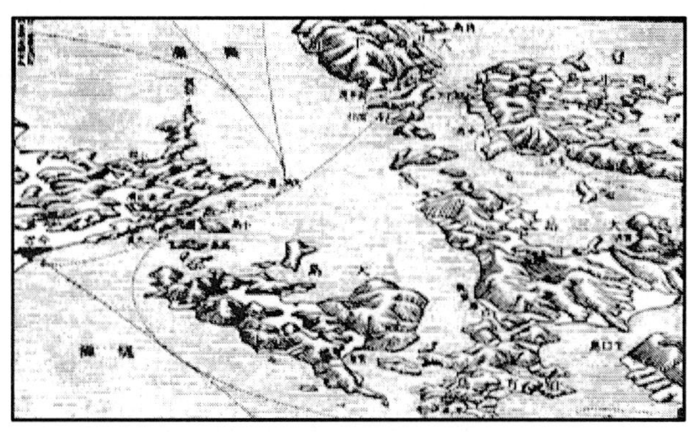

세토나이카이(瀨戶內海)

태평양방면

태평양방면에서는 기이(紀伊)수로로 흐르고 있는 요시노가와(吉野川)가 시코쿠(四國)에서 가장 큰 강이며, 하류에 도쿠시마(德島)평야가 있다. 남부는 대개 산악지대로, 고치(高知)평야 외에는 볼만한 것이 없고, 해안선은 활모양을 이루고 있다. 서부의 분고(豊後)수로방면은 해안선의 드나듦이 많다.

3. 기후

일본해방면은 겨울에는 북서풍 때문에 눈비가 많고, 세토나이카이 방면은 주고쿠산맥과 시코쿠산맥에 의해 외해(外海)로부터 격리되어 있기 때문에, 연중 강우량이 적고 기후도 온화하다. 태평양방면은 난류의 영향도 있어서, 이들 두 지방보다 기온이 높고, 여름에는 남동풍 때문에 강우량이 많다.

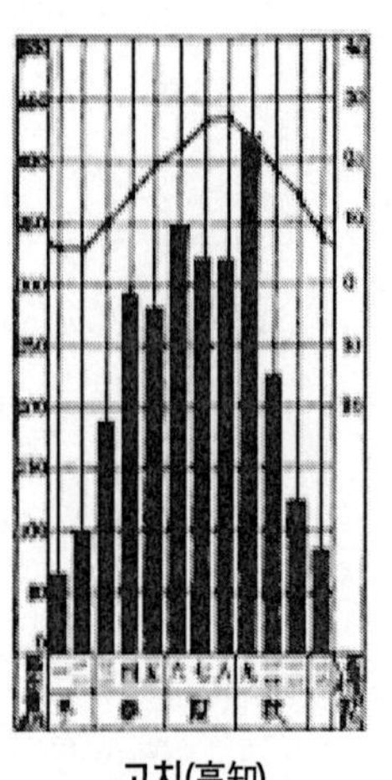

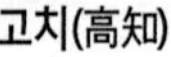
고치(高知)

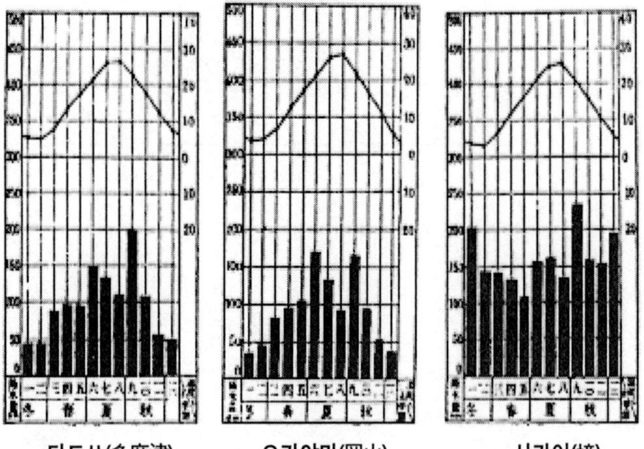

다도쓰(多度津) 오카야마(岡山) 사카이(境)

(※ — 은 온도, ▬ 은 강수량)

4. 산업

산업은 대체로 세토나이카이방면이 왕성하며, 다른 두 곳은 그다지 활발하지 않다.

농업·목축업

주요 농산물은 쌀과 보리로, 대부분 세토나이카이방면에서 생산된다. 또 이 지방에는 골풀돗자리(疊表)의 원료도 생산한다.

주고쿠지방은 목축이 활발하며, 특히 히로시마(廣島), 오카야마(岡山) 2개현의 소(牛)는 유명하다.

조선지방	규슈지방	대만지방	주코쿠지방	긴키지방	기타지방

소의 마릿수(頭數) 비교

임업·광업

임업은 다른 두 지방이 활발하지 않은 반면, 태평양방면은 기온이 높고 우량이 풍부하기 때문에 수목이 무성하여 임산물이 많다. 광산물은 그다지 많지는 않지만, 주고쿠산맥은 주로 화강암으로 이루어져 있어서 각지에서 석재를 생산한다. 또 야마구치(山口)현의 오미네(大嶺)와 우베(宇部)에서는 석탄을 생산하고, 시코쿠산맥 안에 있는 벳시(別子)광산은 히타치(日立), 아시오(足尾), 고사카(小阪)와 견줄만한 큰 광산이어서, 많은 동광(銅鑛)을 생산하며, 그 광석은 세토나이카이의 시사카지마(四坂島)에서 제련된다.

수산업	근해는 대채로 어업이 활발하여, 야마구치(山口)현의 도미, 오키(隱岐)의 건오징어, 히로시마의 굴, 고치(高知)현의 가다랑어와 참치 등은 유명하다. 고치현에서는 가다랑어로 가다랑어포를 만든다. 또한 이 지방에서는 조선근해로 출어하는 사람이 많기 때문에, 시모노세키(下關)는 수산물의 집산이 가장 왕성한 곳이다.  **가가와(香川)현의 염전** 세토나이카이(瀨戶內海)연안은 강우량이 적고 맑은 날이 많기 때문에, 도처의 모래해변은 염전으로 이용되어, 우리나라의 주된 제염업지를 이루고 있다. 가가와(香川)현의 사카이데(坂出)와 야마구치(山口)현의 미타지리(三田尻)는 염전이 많은 곳이다. 제조법은 조선과 같은 천일제염은 아니다.

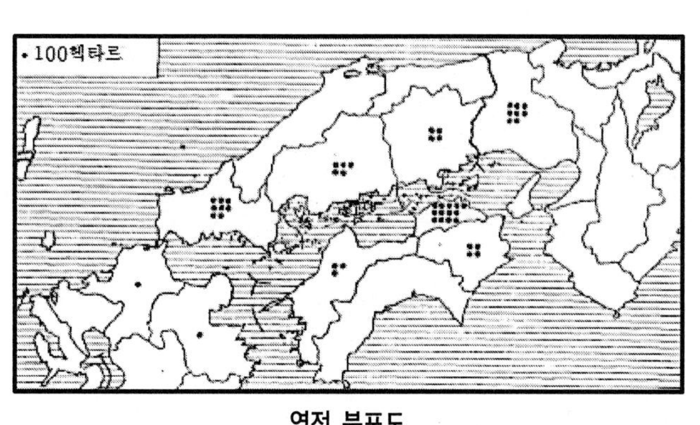

염전 분포도

공업

공업이 왕성한 곳은 세토나이카이방면이며, 면사, 면직물, 골풀돗자리(疊表), 화문석(花筵), 밀집모자(麥稈眞田) 등을 생산한다. 또 태평양방면에서는 도처에서 삼지닥나무나 닥나무를 원료로 해서 일본종이(和紙)를 제조하고 있다.

5. 교통

육상교통

일본해방면으로는 산인(山陰)선이 있어서, 산요(山陽)선과 연결되고 있지만, 태평양방면은 철도가 적어서 육상교통은 불편을 면할 수 없다. 주고쿠(中國)의 세토나이카이방면은 토지가 개발되어 산업도 왕성하기 때문에, 교통은 가장 편리하다. 산요(山陽)선은 도카이도(東海道)선과 접속하여 우리나라 철도간선의 일부를 이루고, 오카야마(岡山), 히로시마(廣島) 등 이 방면의 주요도시를 거쳐 시모노세키(下關)에 도달한다.

시코쿠(四國)의 세토나이카이방면에도 다카마쓰(高松), 마쓰야마(松山) 등의 주요도시를 연결하는 철도가 개통되어 있다.

시모노세키(下関)해협의 화물차운송선

시모노세키(下關)와 시모노세키해협을 사이에 두고 이와 마주하고 있는 모지(門司)와의 사이에는 철도연락선이 빈번하게 왕래하여, 산요(山陽)선과 규슈(九州)의 철도간선을 연결하고 있다.

관부연락선(시모노세키항)

	시모노세키(下關)는 조선과 내지(內地)의 연결에 있어 가장 중요한 항구이며, 부산과의 철도연락선은 산요(山陽)선 및 규슈철도의 간선과 조선의 경부선을 연결하고 있다. 연락선의 편도에 걸리는 시간은 약 8시간 정도이다.
	오카야마의 남쪽에 있는 우노(宇野)와 다카마쓰(高松)와의 사이에도 철도연락선이 왕래하고 있다.
수상교통	일본해와 태평양의 양 방면은 좋은 항구가 부족하여, 수상교통은 불편하다. 세토나이카이방면은 예로부터 우리나라 해상교통의 주요항로로서, 동쪽으로는 오사카, 고베 등 대도시와 대개항장에 인접해 있고, 서쪽으로는 시모노세키, 모지(門司) 등 개항장을 비롯하여 기타규슈(北九州)의 공업지가 인접해 있어서, 국내외 기선이 항상 왕래하고 있다.
	6. 주민・도읍
일본해방면	일본해방면의 주요도시는 돗토리(鳥取)와 마쓰에(松江)로, 둘 다 현청소재지이다. 사카이(境)는 이 방면 제일의 항구로, 다이샤(大社)로는 이즈모오야시로(出雲大社)가 있다.
세토나이카이방면	세토나이카이 연안지방은, 산업이 발달하고 교통도 편리한데다 토지가 잘 개발되어 있기 때문에 인구밀도도 높고, 따라서 도시도 많다.

	오카야마(岡山), 히로시마(廣島), 야마구치(山口), 다카마쓰(高松), 마쓰야마(松山)는 각각 현청소재지이다. 오카야마(岡山)는 아사히가와(旭川) 하류 평야의 중심에 있어서, 철도가 모이는 교통의 요지에 해당하여, 상공업이 왕성하다. 오카야마의 서쪽 오노미치(尾道)는 예로부터 알려진 항구이다. 히로시마(廣島)는 오타가와(大田川)의 삼각주 위에 있어서, 우지나(宇品)항을 가지고 있기 때문에, 해륙간 교통이 편리하고, 상업도 왕성하여 인구 27만을 가진 주고쿠(中國) 제일의 대도시이다. 구레(吳)는 군항(軍港)으로 발달한 곳이며, 시모노세키(下關)는 혼슈(本州) 서쪽 끝에 있는 교통의 요지로, 상업도 왕성하다. 다카마쓰(高松)는 교통의 요지로 상업도 왕성하고, 그 서쪽으로는 마루가메(丸龜), 다도쓰(多度津), 고토히라(琴平) 등의 도시가 있다. 고토히라(琴平)에는 고토히라미야(金刀比羅宮)가 있다. 마쓰야마(松山)는 인근에 다카하마(高濱)항이 있어, 마쓰야마평야의 중심을 이루고, 그 동쪽에 있는 도고(道後)는 유명한 온천지이다. 세토나이카이는 크고 작은 무수한 섬이 산재하고 있어 경치가 좋아서 해상공원으로 일컬어지고 있다. 섬들 중간의 히로시마(廣島)만 안의 이쓰쿠시마(嚴島)는 이쓰쿠시마(嚴島)신사가 있어서 유명하다.

<table>
<tr><td></td><td>
이쓰쿠시마(厳島)신사</td></tr>
<tr><td>태평양방면</td><td>태평양방면은 평야도 적고 교통도 불편한 탓에, 인구 밀도는 낮으며, 현청소재지인 도쿠시마(德島), 고치(高知)가 주요도시이다. 도쿠시마는 요시노가와(吉野川) 하류 평야에 발달한 도시로, 상업이 활발하다.</td></tr>
</table>

제10 규슈(九州)지방

1. 위치・구역

규슈(九州)지방은 주고쿠 및 시코쿠지방 남서쪽에 위치하며, 규슈섬 및 그 근해의 섬들과 류큐(琉球)열도를 포함한 지역으로, 후쿠오카(福岡), 사가(佐賀), 나가사키(長崎), 구마모토(熊本), 오이타(大分), 미야자키(宮崎), 가고시마(鹿兒島), 오키나와(沖繩) 8현의 구역을 말한다.

2. 지형

산지

북부에는 주고쿠(中國)산맥에 연이어 쓰쿠시(筑紫)산맥이 뻗어있고, 남부에는 시코쿠(四國)산맥 연장선상의 규슈(九州)산맥이 뻗어있다. 쓰쿠시산맥은 낮은데다 곳곳이 끊겨 있고, 그 사이에 저지대가 끼어 있는데, 규슈(九州)산맥은 높고 험준하여, 본섬의 주된 분수령을 이루고 있다. 이 2개의 산맥 사이에는 동서로 아소(阿蘇)화산맥이 통하고 있으며, 그 가운데로 쓰루미다케(鶴見岳), 아소산(阿蘇山), 운젠다케(溫泉岳) 등의 화산이 있고, 또 벳푸(別府)온천 등의 온천과 야바케이(耶馬溪) 같은 명승지도 있다.

규슈지방 지형의 단면도와 약도

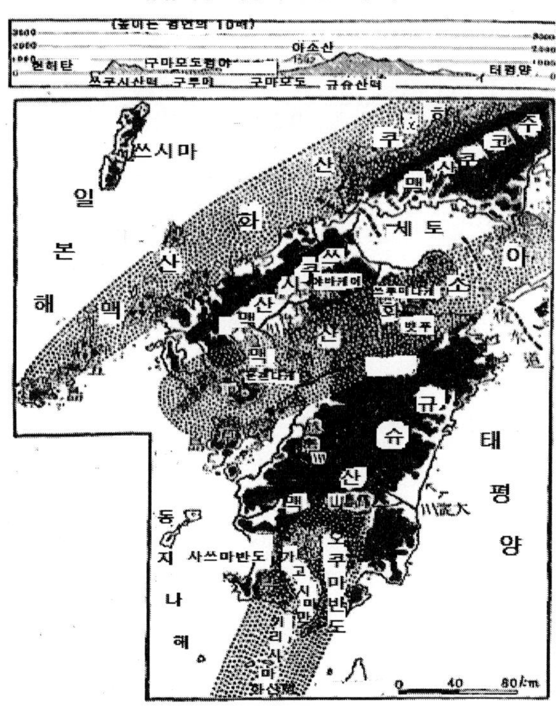

아소산(阿蘇山)은 여러 외국에서도 유례를 찾을 수 없을 만큼 크나큰 옛 화구를 가지고 있는데, 그 중앙에 여러 개의 새로운 화구(火口)구릉이 생겨, 현재 한층 더 연기를 뿜어내고 있는 것도 있다. 중앙의 화구 구릉과 원래 화구벽의 사이는 넓은 평지를 이루고 있어서, 많은 사람들이 거주하고, 철도도 통하고 있다.

규슈(九州)산맥의 남부에는 기리시마(霧島)화산맥이 남북으로 통해 있어서, 기리시마산(霧島山), 사쿠라지마(櫻島) 등의 화산이 있으며, 도처에 온천도 있다. 이 화산맥은 더 남쪽으로 뻗쳐 사쓰난(薩南)제도와 류큐(琉球)열도의 안쪽을 달리고 있다.

아소산(阿蘇山)의 분화구

강·평야

강은 이들 산지(山地)에서 시작되어, 그 유역에 제각각 평야를 만들고 있다. 지쿠고가와(筑後川) 유역에는 규슈(九州)에서 가장 넓은 쓰쿠시(筑紫)평야가 있다. 구마가와(球磨川)는 험준한 규슈산맥 사이를 흐르고 있어 급류(急流)인 까닭에, 그 유역은 평야가 부족하다.

해안

해안선은 대체로 드나듦이 많다. 특히 북서부에는 도처에 만입(灣入, 해안선이 육지쪽으로 휘어드는 상태)으로, 크고작은 섬들이 많으며, 하카타(博多)만, 히젠(肥前)반도, 아리아케(有明)바다가 있다. 또 북서부와 조선 사이에는 이키(壹岐), 쓰시마(對馬) 두 섬과 쓰시마, 조선 두 해협이 있다. 남부에는 오스미(大隅)와 사쓰마(薩摩)

	두 개의 반도가 가고시마(鹿兒)만을 품고 있으며, 또 사쓰난(薩南)제도와 류큐(琉球)열도가 하나의 열도를 이루어 규슈섬과 타이완섬 사이를 연결하고 있다. 3. 기후 북부는 대개 온화하며 비의 양도 적당하지만, 중앙부의 구마모토(熊本)평야는 한서의 차가 다소 큰 내륙성 기후이며, 남부의 가고시마(鹿兒島)와 미야자키(宮崎)지방은 기온이 높고 강우량도 많아, 시코쿠(四國)의 태평양방면과 비슷하다. 류큐(琉球)열도는 이들 여러 지방보다도 현저하게 온난하여, 거의 눈이 내리는 것을 볼 수가 없다. 4. 산업
농업	쓰쿠시평야, 구마모토(熊本)평야는 규슈지방의 주요 농업지로, 쌀, 보리가 많이 생산되고, 또 중부나 남부의 밭에서는 고구마가 많이 생산된다. 그 밖에 쓰쿠시평야의 유채씨, 가고시마(鹿兒島)현의 담배 등도 유명하다.
임업·목축업	남부의 산지에는 목재를 많이 생산하여 곳곳에서 목탄을 만든다. 또 아소산(阿蘇山)이나 기리시마야마(霧島山)의 산기슭 들판 등에는 말의 목축이 활발하고, 남부의 열도지방에는 돼지가 사육되고 있다.

광업

북부지방은 우리나라에서 가장 중요한 석탄 산지로, 후쿠오카(福岡)현은 우리나라의 석탄 총 생산액의 2분의 1을 생산한다. 유명한 탄전으로는 온가가와(遠賀川) 유역의 지쿠호(筑豊)탄전, 아리아케(有明)바다 연안의 미이케(三池)탄전 등이 있다. 지쿠호(筑豊)탄전에서 나는 석탄은 주로 와카마쓰(若松), 모지(門司) 2개 항에서, 미이케(三池)탄전에서 나오는 석탄은 주로 미이케(三池)항에서 내외 각지로 출하된다.

후쿠오카현	기타 현		
규슈 지방		홋카이도지방	기타지방

석탄의 생산액 비교
연생산액 약 3,700만 톤(1928년)

미이케(三池)탄갱의 일대 탄전(만다(萬田))

	미이케(三池)항은 아리아케(有明)바다가 멀리까지 수심이 얕은데다, 조수 간만의 차가 크기 때문에, 인천과 마찬가지로 특별한 설비를 하고 있다. 오이타(大分), 가고시마(鹿兒島) 2현은 우리나라에서 금의 주산지이고, 사가노세키(佐賀關)에는 대규모 제련소가 있어서, 금 이외에 동(銅)도 제련되고 있다.
	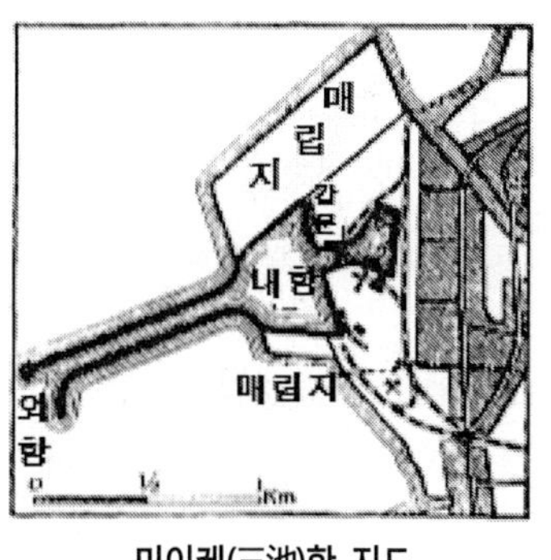 미이케(三池)항 지도
	 사가노세키(佐賀関) 제련소
수산업	근해에서는 대체로 어업이 활발하다. 특히 북서부의 반도나 섬이 많은 지방은 정어리, 방어, 오징어 등이 많이 잡히며, 오징어는 나가사키(長崎)현에서 건오징어로 가공된다. 또 가고시마(鹿兒島)현에서는 가다랑어의 어획이 활발하여, 가다랑어포를 제조한다.

공업

북부는 대규모 석탄 산지가 있고, 육해교통도 열려있어서, 공업의 원료나 제품의 집산에 편리하므로, 각지에 공업이 발달하고, 시모노세키(下關)해협에서 구키노우미(洞海) 연안에 이르는 일대는 수많은 큰 공장이 있어서, 게이힌(京濱), 한신(阪神)지방과 함께 우리나라 3대 공업지구로 일컬어지고 있다. 제품의 주된 것은 철, 시멘트, 설탕, 약품, 기계 등이며, 그 중에서도 철은 주로 야하타(八幡)제철소에서 제련되는데, 그 생산액은 우리나라 총생산액의 과반을 차지하고 있다. 이 제철소에서 원료로 사용되는 철광은 조선, 중국, 말레이반도에서 운반되어진다.

북규슈(北九州) 공업지구

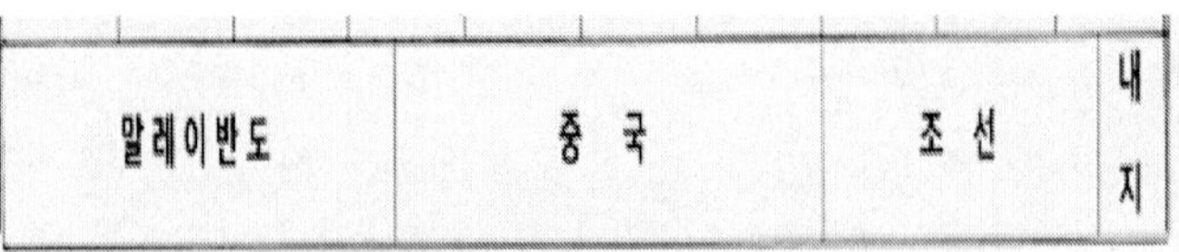

우리나라(本邦) 제철원료 철광산지
연액 237만 톤(1928년)

야하타(八幡) 제철소

그 밖에 아리타(有田)의 도자기, 나가사키(長崎)의 조선(造船), 구루메(久留米)의 가스리오리(絣織, 날실과 씨실을 부분적으로 방염하여 평조직으로 짠 어떤 문양을 나타낸 것), 오이타현의 골풀돗자리(疊表) 등도 유명하다. 또 각지에 방적업도 활발하다.

아리타(有田)의 도자기 제조장

5. 교통

육상교통

교통은 수륙 공히 북부지역이 잘 발달되었고, 남부지역은 불편하다. 철도는 모지(門司)를 기점으로, 가고시마(鹿兒島)본선은 고쿠라(小倉), 후쿠오카(福岡), 도스(鳥栖), 구마모토(熊本) 등의 도시를 경유하여, 규슈(九州)의 서해안을 따라 가고시마에 이르며, 닛포(日豊)선은 고쿠라(小倉)에서 분기하여 오이타(大分), 미야자키(宮崎) 등 동해안의 도시를 연결하며 요시마쓰(吉松)에서 히사쓰(肥薩)선에 접속하고 있다.

이 외의 주요철도로는 도스(鳥栖)에서 분기하여 사가(佐賀)를 거쳐 북부의 반도부 나가사키(長崎)에 이르는 나가사키(長崎)선과, 구마모토(熊本)에서 아소산(阿蘇山)을 지나 중부를 동서로 횡단하여 오이타(大分)에 이르는 호히(豊肥)선과, 야쓰시로(八代)에서 요시마쓰(吉松)를 거쳐 가고시마(鹿兒島)에 이르는 히사쓰(肥薩)선이 있다. 북부의 공업지구나 지쿠호(筑豊)탄전지방에는 철도가 그물처럼 깔려 있어서, 특히 교통이 편리하다.

수상교통

북부의 해안은 천혜의 좋은 항이 많은데다, 상공업이 발달하고 위치 또한 세계교통의 요로에 있기 때문에, 해상교통은 매우 빈번하며, 모지(門司), 와카마쓰(若松), 나가사키(長崎) 등 여러 항구에는 항상 국내외 기선이 왕래하고 있다. 그 중에도 모지(門司)는 세토나이카이의

<table>
<tr><td></td><td>관문을 이루고 있고, 석탄의 공급지인 까닭에 기선의 출입이 대단히 많다. 가고시마(鹿兒島)는 남쪽 여러 섬과 연락하는 항구이다.

와카마쓰(若松)항</td></tr>
<tr><td>항공교통</td><td>후쿠오카(福岡) 부근의 나지마(名島)에는 수상비행장이, 다치아라이(大刀洗)에는 육상비행장이 있어서, 다치아라이(大刀洗)와 오사카(大阪) 도쿄(東京)지방, 조선의 울산 경성 평양 및 만주 주요지역과의 사이에는 정기항공로가 개설되어 있다.

나지마(名島) 비행장</td></tr>
</table>

통신

나가사키(長崎), 사세보(佐世保) 부근에서는 맞은편 대륙에 다다르는 몇 개의 해저전선이 있다. 그 중에서도 블라디보스토크에 이르는 것과 상하이(上海)에 이르는 것은 각각 세계전신선의 간선이므로, 멀리 유럽주로 통하고 있다.

6. 주민 · 도읍

규슈섬 해안의 평지는 대체로 인구가 밀집된 도시가 많다. 그 중에도 북부의 공업지구에는 모지(門司), 고쿠라(小倉), 도바타(戸畑), 와카마쓰(若松), 야하타(八幡) 등의 공업도시가 거의 하나의 도시처럼 연속되고, 또한 후쿠오카(福岡), 구루메(久留米), 사가(佐賀), 사세보(佐世保), 나가사키(長崎), 오무타(大牟田) 등의 도시가 있다. 구마모토(熊本)는 중앙부, 가고시마(鹿兒島)는 남부의 중심지를 이루며, 동해안으로는 벳푸(別府), 오이타(大分), 미야자키(宮崎) 등의 도시가 있다.

후쿠오카(福岡)시

이들 도시 가운데 후쿠오카(福岡), 사가(佐賀), 나가사키(長崎), 구마모토(熊本), 오이타(大分), 미야자키(宮崎), 가고시마(鹿兒島)는 현청소재지이다.

가고시마(鹿児島)항과 사쿠라지마(櫻島)

후쿠오카(福岡)는 인구 약 23만, 규슈 제일의 도시로 상공업이 발달되어 있다. 또 이곳에 규슈제국대학이 있다.

나가사키(長崎)는 일찍부터 개항된 항구로, 큰 조선소가 있고, 사세보(佐世保)는 중요한 군항(軍港)이다.

나가사키(長崎)의 조선소

7. 사쓰난(薩南)제도 · 류큐(琉球)열도

사쓰난(薩南)제도의 주된 섬은 오시마(大島)이고, 류큐(琉球)열도의 주된 섬은 오키나와(沖縄)섬이다. 이들 지방은 남쪽에 위치하고 있어서 열대에 가깝고, 게다가 난류의 영향을 받기 때문에, 기후는 대단히 온난하고 강우량이 많다.

류큐(琉球)의 벵골보리수(榕樹)

사탕수수, 고구마가 활발하게 재배되고 있다. 오키나와(沖縄)현은 막설탕(粗糖)의 생산액이 내지의 여러 부(府) 현(縣) 중에서 제 1위이다.

오키나와(沖縄)섬에는 나하(那覇), 슈리(首里) 2개의 도시가 있는데, 나하(那覇)는 항구이자 현청소재지이다.

제11 타이완(臺湾)지방

1. 위치·구역

타이완(臺湾)지방은 타이완섬(臺湾島)과 호코(澎湖)제도를 말한다. 우리나라 남서쪽 끝에 위치하며, 서쪽은 타이완(臺湾)해협을 사이에 두고 중국과 마주하고 있으며, 남쪽은 바시해협을 사이에 두고 미국령 필리핀군도와 마주하고 있다.

2. 지형

타이완섬은 대략 남북으로 가늘고 긴 섬이며, 동부는 대부분 산지이고, 서부는 평지가 많다. 동부의 산지는 높은 산맥이 남북으로 몇 개나 늘어서 있어, 지형이 매우 험준하다.

타이완지방 지형의 약도와 단면도

	그 주된 산맥은 타이완산맥으로, 본섬의 큰 분수령이다. 그 중에는 후지산(富士山)보다도 높은 산들이 있는데, 특히 니타카산(新高山)은 높이가 약 3,950미터로, 우리나라 제일의 높은 산이다.  니타카산(新高山)
동부지방	타이완산맥의 동쪽은 바다로 급경사를 이루고 있기 때문에, 강이나 평야도 볼 만한 것이 없고, 해안에 연접한 산맥과 타이완산맥 사이에는 폭이 좁고 긴 저지대가 있다 해안선은 드나듦이 적고, 절벽을 이루고 있는 곳이 많다.
서부지방	타이완산맥의 서쪽은 동쪽보다도 훨씬 경사가 완만하여, 점차 넓은 평야를 이루고 있다. 담수(淡水)강, 탁수(濁水)계류, 하담수(下淡水)계류 등은 서쪽으로 흐르는 주된 강으로, 원래는 자주 범람했지만 현재는 공사를 시행하였기 때문에 그 피해가 적다.

해안선은 드나듦이 적지만, 동해안과 달리 평야가 완만하게 바다로 경사져 있어서 모래해변이 많고, 멀리까지 수심이 얕다. 서부의 바다는 타이완해협이며, 그곳에 호코섬(澎湖島)이 있다.

3. 기후·생물

타이완지방은 일본열도 가운데 가장 남쪽에 있는데다, 근해에 난류가 흐르고 있어서 연중 기후가 따뜻하여 사계절의 구별이 내지만큼 뚜렷하지 않다. 강우량은 대체로 많은 편이나, 북부는 겨울에, 남부는 여름에 많이 내리며, 다른 계절에는 적다.

타이완섬의 남반부는 열대에 속하기 때문에, 저지대에는 열대식물인 용나무(榕樹), 빈랑나무(檳榔樹), 녹나무 등이 무성하며, 고지대는 비교적 기온이 낮아서 큰 노송나무도 잘 자란다. 동물로는 내지나 조선에 서식하지 않는 물소 등이 있다.

빈랑나무(檳榔樹)

<table>
<tr>
<td></td>
<td>

4. 산업

산업은 넓은 평야가 있어 교통도 편리한 서부지방이 대체적으로 활발하며, 특히 우리나라 영토가 되고 나서부터 급속히 발달하였다.

타이완의 주요농산물 생산액 비교
총 생산액 약 2억 5,000만 엔(1928년)

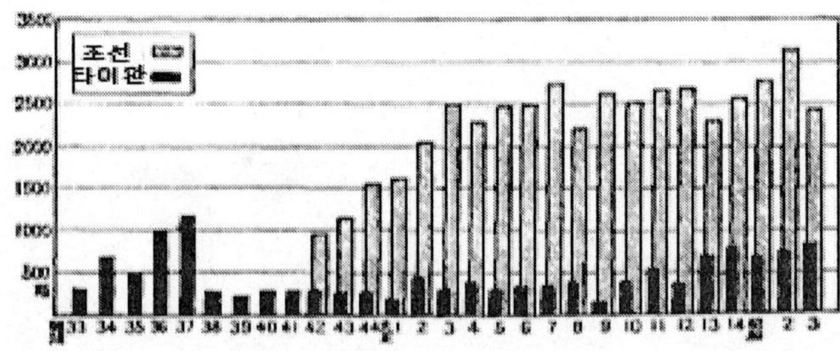

타이완 · 조선의 쌀 생산액 증감표

</td>
</tr>
<tr>
<td>농업</td>
<td>

농업은 타이완의 가장 중요한 산업으로, 쌀, 사탕수수, 고구마, 차, 바나나, 땅콩 등이 많이 생산된다.

사탕수수밭

</td>
</tr>
</table>

다카오(高雄)항의 바나나 선적

기온이 높고 강우량이 많아서, 벼 재배에 적합하여 1년에 2회 수확되며, 내지로 반출되는 쌀의 산출액도 적지 않다. 최근 큰 저수지와 용수로를 대규모로 조성하여 관개(灌漑)에 편리하도록 하였다.

관개(灌漑)의 한 방법

	차는 주로 북부의 구릉지에서 생산되고, 사탕수수는 중부 및 남부의 평지에서 재배된다.
목축업	가축으로는 물소, 돼지 등이 사육되며 물소는 경작에 이용된다. 돼지는 전국 총 마릿수의 약 절반정도를 차지하고 있다.  **물소를 이용하여 경작하는 곳**
임업	산지(山地)에는 드넓은 삼림이 있어, 편백나무와 녹나무가 특히 유명하며, 아리산(阿里山)에서는 활발하게 양질의 편백나무 목재를 벌채하여 철도로 수송한다. 가기(嘉義)에는 큰 제재소가 있다.  **아리산(阿里山)의 편백나무**

광업

주된 광산물은 석탄, 석유, 금이며, 석탄과 금은 북부에서, 석유는 중부에서 생산된다.

수산업

근해에서는 도미, 가다랑어 등이 잡히고, 서부 해안에서는 모래해변을 염전으로 이용하여 천일제염이 행해지고 있다.

공업

공업은 주로 농업, 임업에 관련된 것으로, 남부의 가기(嘉義)부근을 비롯한 각지의 제당업, 북부의 제다(製茶), 산지(山地)에서의 장뇌(樟腦) 및 장뇌유(樟腦油) 제조 등이 널리 알려져 있다. 그 밖에 알코올, 시멘트, 비료 등의 공업도 날로 왕성해져가고 있다. 그 중에도 설탕은 산출액이 가장 많으며, 또 장뇌(樟腦)는 본섬의 특산물이다.

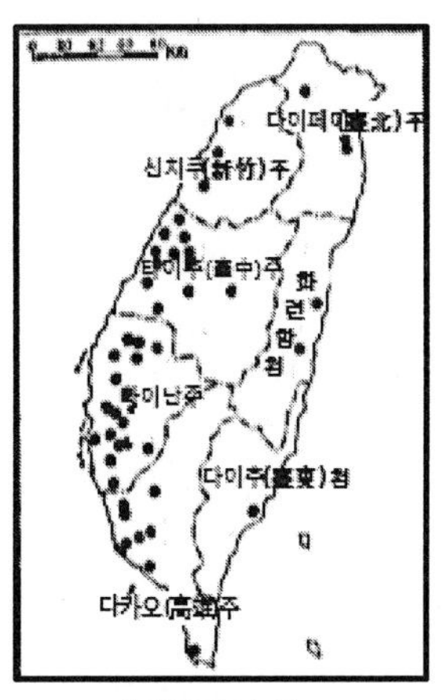

제당공장의 분포

조제장뇌(粗製樟腦)공장

제당공장

5. 교통 · 상업

육상교통

서부의 평야에는 철도편이 크게 발달되어 있어서, 기룽(基隆)에서부터 다카오(高雄)까지는 종관선(縱貫線)이 통하며, 이 선에 많은 철도가 연결되어 있다.

기룽(基隆)항

	동부의 평야에도 남북으로 통하는 철도가 있지만, 타이완산맥이 높기 때문에, 이것을 가로질러 동서를 연결하는 철도는 아직 개설되지 않았다.
해상교통	지형 관계로 좋은 항구가 적다. 따라서 해상교통은 불편하다. 그러나 북부의 기룽(基隆)과 남부의 다카오(高雄)는 항구의 설비가 잘 정비되어 있어서 선박의 출입이 편리하다. 기룽은 내지와, 그리고 다카오(高雄)는 중국 및 남양 방면과의 교통이 빈번하다. 그 밖에 서해안에는 중국 때문에 특별히 개설된 항구가 있다. 이들 항에 의해 설탕, 차, 장뇌 등이 국내외 각지로 송출된다.
	6. 주민·도읍
	서부의 평야는 산업이 발달되고 교통도 편리하기 때문에 인구가 비교적 많아, 주민 총수 460만 가운데, 약 10분의 9는 이 지방에 살고 있다. 따라서 도시도 많고, 그 주요도시는 철도의 간선에 연접해 있다.
	기룽은 타이완의 문호로 선박의 출입이 많으며 상업이 왕성하여 내지와의 관계가 깊다. 타이페이(臺北)는 타이완 제일의 도시로, 정치, 교통, 상업, 학술의 중심지이다. 총독부, 타이페이제국대학 등이 있고, 신시가지에는 서양식 큰 건물이 늘어서 있다. 신치쿠(新竹), 타이추(臺中), 가기(嘉義), 타이난(臺南), 다카오(高雄), 헤이토(屛東) 등은 각각 지방의 중심지를 이루고 있다.

	 타이페이(臺北) 동해안에는 가렌(花蓮)항, 타이토(臺東) 등이 있다.
호코제도	호코(澎湖)제도는 바위가 많은 낮은 섬들로, 호코섬(澎湖島)의 마코(馬公)는 국방상 중요한 위치에 있어서, 해군의 요항(要港)으로 되어 있다.

제12 우리 남양(南洋) 위임통치지

구역

우리 남양(南洋) 위임통치지는 원래 독일령이었던 적도의 북쪽에 있는 섬들, 즉 카롤린제도, 마샬제도 전체와 마리아나제도의 대부분으로, 제1차 세계대전 결과 우리나라가 통치하게 된 곳이다. 수백 개의 섬이지만, 면적은 약 2,000평방킬로미터, 인구는 약 7만에 지나지 않는다. 이 섬들을 다스리는 남양청(南洋廳)은 콜로르섬에 있다.

산업

이 제도는 타이완보다 훨씬 남쪽에 위치하며, 적도에까지 걸쳐 있어서, 전부 열대에 속하여 사계절의 구별이 없으며, 연중 기온은 높다. 토지가 좁고, 게다가 평지가 적어서 산업은 그다지 발달되어 있지 않다.

남양의 마을

다만 사탕수수 재배는 상당히 활발하여 제당업은 이 제도(諸島) 제1의 산업이다. 그 밖의 주요 생산물은 코프라와 인광(燐鑛)인데, 설탕과 함께 대부분 내지로 보내어진다.

인광(燐鑛)채굴장

주요 섬들과 내지와의 사이에는 정기적으로 우리 기선이 왕래하고 있다.

제13 관동주(關東州)

구역

관동주(關東州)는 조차지(租借地)로, 만주국 요동반도 남단부이다. 면적은 약 3,500평방킬로미터, 인구는 96만이며, 그 가운데 우리나라 사람은 약 12만이다.

지형

관동주 내에는 산이 많고 평지가 적으며 해안선은 드나듦이 많고, 황해의 연안에는 여순(旅順)과 대련(大連) 두 항구가 있다.

산업

농업은 활발하지 않다. 근해에서는 어업이 행해지며, 또 도처의 모래해변에서는 천일제염이 행해지고 있다.

관동주(關東州)의 염전

도시	여순(旅順)은 항구가 협소하고 수심이 얕아서 항구로서는 대련(大連)에 미치지는 못하지만, 3면이 산으로 둘러싸인 천혜의 요충지이다. 이곳은 정치의 중심지로 관동청(關東廳)이 있다. 그 부근에는 청일, 러일 전쟁과 관련된 유명한 전적지(戰跡地)가 많다.  니레이(爾靈)산상의 기념비 대련(大連)은 만주의 문호이자 세계교통의 요지이다. 그 항구는 넓고 깊으며, 방파제(防波堤), 계선안(繫船岸), 창고 등 부두의 설비가 잘 정비되어 있고, 겨울에도 항내가 거의 결빙되지 않기 때문에 사시사철 선박의 출입이 잦아 내지와 조선 및 중국 여러 항과의 해상교통이 편리하다.  대련(大連)항 부두

또 이곳을 기점으로 하는 우리 남만주철도는, 동중국철도 및 봉산(奉山)선과 연결되어, 세계철도 간선의 일부를 이루고 있어서 만주국, 중국, 시베리아 각지와의 육상교통도 편리하다. 만주의 주요수출품인 콩깻묵(豆粕), 콩, 석탄, 콩기름은 주로 이곳에서 내지와 조선 및 중국으로 출하되며, 만주의 주요수입품인 우리나라산 면직물, 면사, 맥분, 잡화 등은 대부분 이곳에서 만주 각지로 송출된다. 콩깻묵은 대련을 비롯하여 만주 각지에서 콩을 원료로 제조되어 대부분이 요코하마(橫濱), 고베(神戶)로 수출되는데, 그 생산고는 대련이 가장 많다. 유방(油房, 콩기름 제조 공장)은 대련에 있는 공장 가운데 주된 것이다.

콩깻묵(豆粕) 제조공장

대련은 큰 상업시장으로서, 그 무역액은 만주국 총 무역액의 2분의 1 이상을 차지하고 있다. 시가지는 웅장하며, 중심부에 큰 광장이 있어서 이곳을 중심으로 10개의 큰 도로가 방사(放射)형으로 펴져 있다.

대련(大連)

이 지역은 원래 러시아인이 경영했던 곳으로, 그 당시는 인구가 4만에도 미치지 못했었는데, 지금은 약 37만에 달하고 있다.

관동주 한복판에는 금주(金州)가 있다. 원래 이 지방 정치의 중심이었던 오랜 도읍으로 성벽이 있다. 북쪽 경계에는 양쪽 해안에 보란점(普蘭店)과 비자와(貔子窩)가 있는데, 모두 제염업이 활발하다.

제14 일본총설

지형

일본열도의 모양은 북동에서 남서로 대개 큰 3개의 활모양을 이루며, 중앙부의 활모양에는 홋카이도본섬, 혼슈, 시코쿠, 규슈가 있고, 북동부 활모양으로는 지시마(千島)열도, 남서부 활모양으로는 사쓰난(薩南)제도, 류큐(琉球)열도, 타이완(臺灣)이 있다. 이들 3개의 활모양과 사할린(樺太), 조선반도에 의해 일본해, 오호츠크해, 황해 및 동중국해가 구획지어지고 있다. 대체로 산지형태이며, 주된 산맥은 혼슈(本州)의 중앙부에서 북동 또는 남서로 향해 열도의 종(縱)으로 뻗어있으며, 서로 연결되어 여러 개의 산계(山系)를 이루고 있다.

혼슈의 중앙부는 땅이 높고 험준해서, 일본열도의 지붕이라고도 할 만한 곳으로, 이곳에서 북동쪽으로 향하는 주된 산맥은 미쿠니(三國)산맥, 오우(奧羽)산맥, 에조(蝦夷)산맥, 사할린(樺太)산맥 등으로, 하나의 산계(山系)를 이루며, 남서로 향하는 주된 산맥으로 히다(飛驒)산맥, 주고쿠(中國)산맥, 쓰쿠시(筑紫)산맥 등과 같은 열도의 안쪽을 달리는 것과, 아카이시(赤石)산맥, 기이(紀伊)산맥, 시코쿠(四國)산맥, 규슈(九州)산맥, 타이완(臺灣)산맥 등과 같이 열도의 바깥쪽을 달리는 2개의 산계(山系)가 있다.

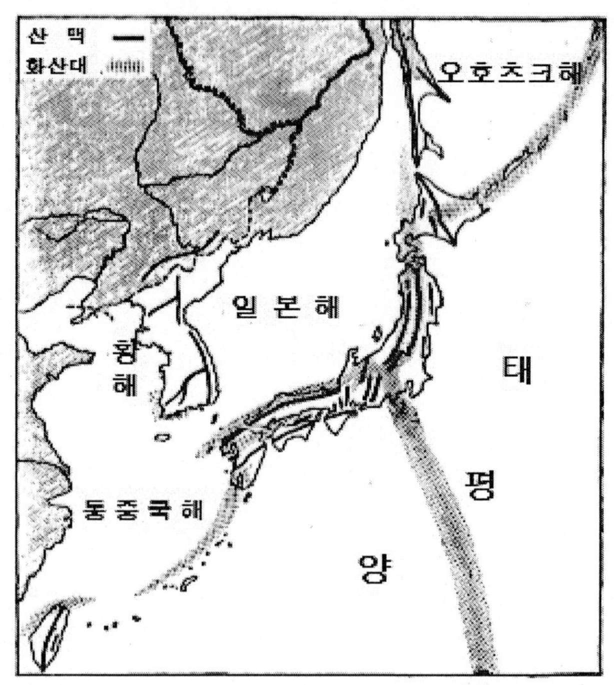

일본의 산계(山系) 지도

조선반도의 태백산맥은 이들 산맥과는 별도의 계통에 속한 것이다.

우리나라는 유명한 화산국으로, 그 화산맥은 대부분은 앞에서 서술한 산계를 따라서 열도의 종(縱)으로 뻗어있는데, 북동부로는 지시마(千島)화산맥, 나스(那須)화산맥 등이 있고, 남서부로는 시라야마(白山)화산맥, 아소(阿蘇)화산맥, 기리시마(霧島)화산맥 등이 있다.

다만 후지(富士)화산맥은 혼슈의 중앙부를 가로질러, 멀리 태평양 가운데로 뻗어있다. 이들 화산맥 중에는 후지산을 비롯하여 원추형 화산이 많고, 아사마야마(淺間山), 아소산(阿蘇山) 등은 끊임없이 연기를 뿜고 있다. 또 이들의 화산지방은 대체적으로 경치가 아름답고 온천이 분출되고 있어 유람이나 보양에 적합한 곳이 많다.

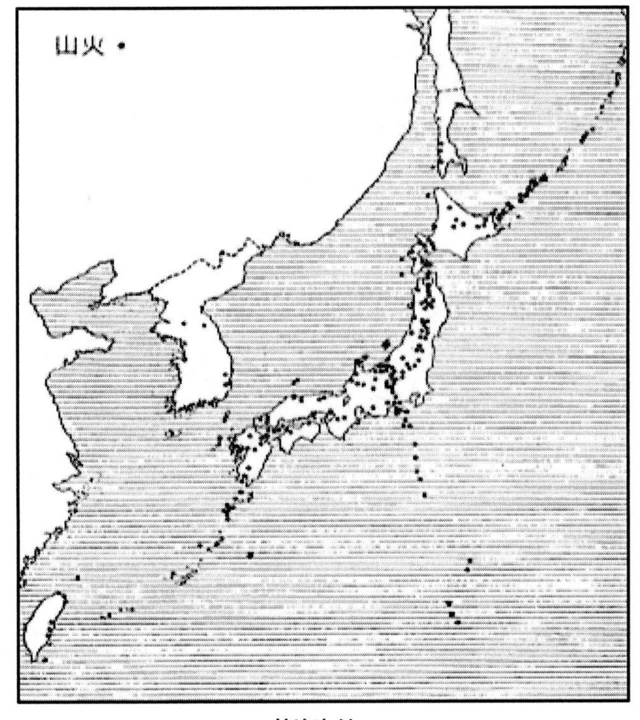

화산의 분포

일본열도는 이렇게 토지의 성립이 복잡하기 때문에, 화산이 많을 뿐만 아니라 지진도 많아서, 세계적으로 유명한 화산지대 및 지진지대를 이루고 있다.

일본열도에서나 조선반도에서도 큰 분수령은 그곳을 종(縱)으로 달리고 있는 산계(山系)로부터 이루어지기 때문에, 강은 대체로 태평양방면의 것과 일본해방면, 황해방면, 동중국해방면의 것으로 나뉘어져 있다.

후지가와(富士川)

평야는 강 하류나 강어귀 부근의 해안에 있으며, 간토(關東)평야, 에치고(越後)평야, 노비(濃尾)평야, 쓰쿠시(筑紫)평야, 이시카리(石狩)평야, 조선 남서부의 평야, 타이완(臺灣) 서부의 평야 등이 주를 이루고 있다.

우리나라의 해안선은 굴곡(屈曲)이 많다. 특히 세토나이카이(瀨戶內海), 기타규슈(北九州), 조선 남부는 더 심하다. 그러나 홋카이도의 오호츠크해연안이나 조선, 타이완의 동해안처럼 비교적 단조로운 곳도 있다.

기후

타이완의 남부를 제하면, 다른 지역은 온대권역에 있으면서도 해양의 영향을 받기 때문에 기후는 대개 온화하지만, 북부의 위도가 높은 지방에는 겨울은 추위가 비교적 심한 곳도 있다. 조선의 북부는 대륙의 영향을 받기 때문에, 한서의 차가 크다. 강우량은 대체로 많은데, 계절에 따라 바람이 바뀌는 까닭에 지형의 영향을 받아서, 강우량이 많은 시기와 적은 시기가 있다.

산업
농업

우리나라의 경지는 총면적의 약 6분의 1에 지나지 않지만, 기후와 토질이 모두 농업에 적합하여, 농업은 예로부터 우리나라 중요한 산업으로 되어 있다.

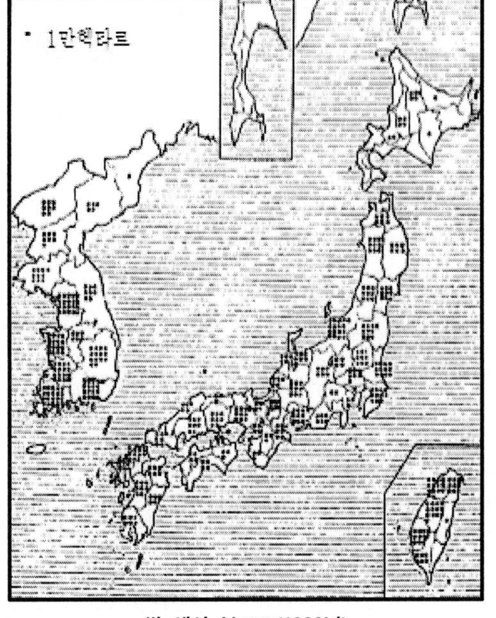

쌀 생산 분포도(1928년)

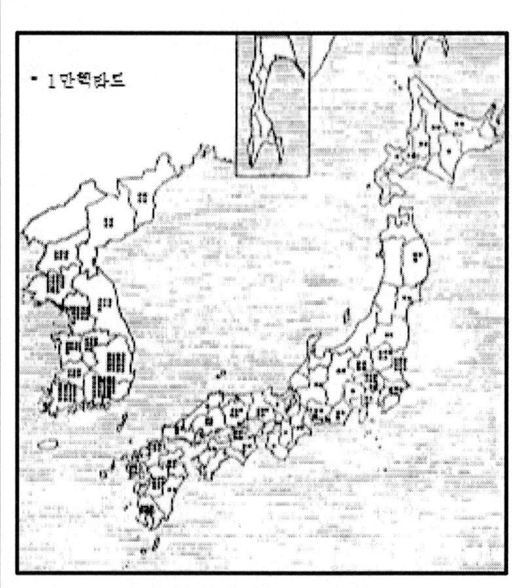

보리 생산 분포도(1928년)

간토평야, 노비(濃尾) 평야를 비롯하여 크고 작은 평야는 잘 경작되고, 여러 강은 관개에 잘 이용되어, 특히 쌀농사의 발달을 촉진하고 있다. 주된 농산물은 쌀, 보리, 콩, 고구마이다. 또 사탕수수, 차, 담배, 야채, 과일의 생산액도 적지 않다. 이들 농산물은 대부분 식용으로 공급되고, 일부분은 공업용 원료로 사용되고 있다. 차, 박하 등이 다소 수출될 뿐이며, 기타작물은 대개 국내의 수요를 충당하는데 부족하여 쌀조차도 수입한 적이 있다.

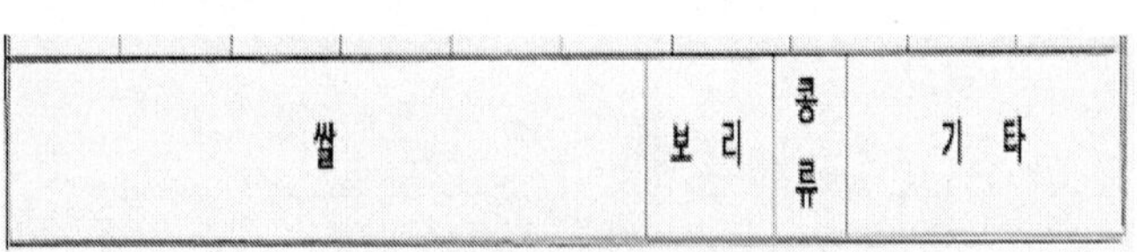

우리나라 주요농산물 생산액 비교
총생산액 약36억엔(1928년)

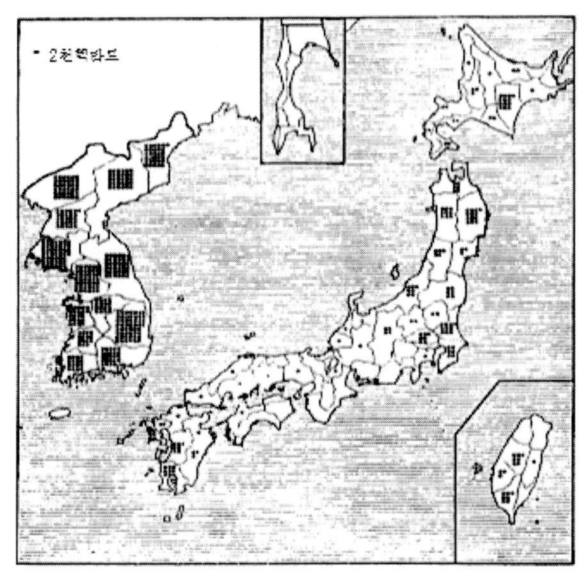

콩 생산 분포도(1928년)

우리나라 공업에서 가장 필요한 원료인 면(綿)은 거의 전부를 외국에 의존하고 있는 품목으로, 그 수입액이 많기로는 우리나라 수입품 중에서 제1위를 차지하며, 그 대부분은 미국, 인도에서 온 것이다.

우리나라 인구는 매년 증가하여 식료품의 수요가 많아지고, 또 공업이 발달함에 따라 원료의 수요도 증가한다. 그런데도 경지의 확장이나 농업의 발달은 이에 따르

	지 못하기 때문에, 향후 농산물 수입은 점점 많아질 것이다. 농작물의 비료로는 인조비료, 어비(魚肥), 깻묵(油粕) 등이 많이 사용되며, 그 생산액이 최근 눈에 띄게 증가해 왔다. 그럼에도 만주에서 콩깻묵(豆粕), 독일과 영국에서 화학비료가 많이 수입되고 있다.
양잠업	우리나라는 세계 제1의 양잠국으로, 누에고치의 생산액이 많으며, 생사 및 견직물의 제조기술도 진보하여 그 제조량이 상당하다. 양잠업이 특히 왕성한 곳은 나가노(長野), 군마(群馬), 아이치(愛知), 사이타마(埼玉) 등 여러 현이며, 이들 여러 현에서는 제사업도 활발하다.

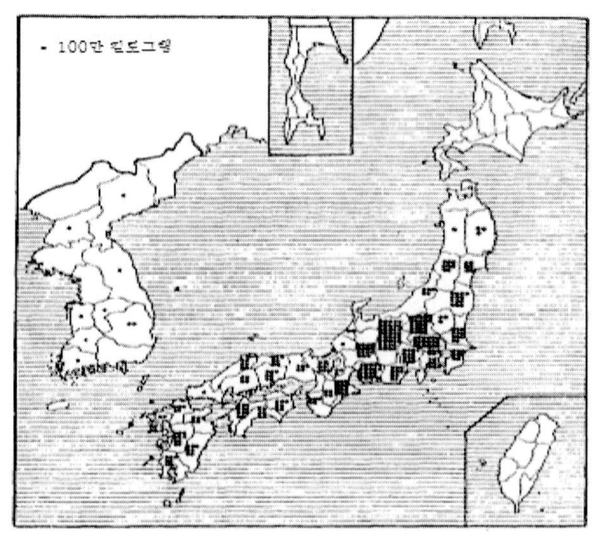

고치(繭) 생산 분포도(1928년)

	생사는 우리나라 제1의 수출품으로, 주로 요코하마(橫濱), 고베(神戶)에서 미국으로 송출된다. 견직물은 교토(京都), 후쿠이(福井), 군마(群馬), 이시카와(石川) 등 여러 곳에서 많이 생산되고, 후지견(富士絹), 지리멘(縮緬), 하부타에(羽二重) 등은 주요 수출품이다.
목축업	우리나라는 기후나 토질 관계상, 목축업은 그다지 활발하지 않다. 특히 양(羊) 목축이 활발하지 않기 때문에, 최근 수요가 현저하게 증가해 왔던 양모(羊毛)는 거의 전부를, 모직물은 일부를 외국으로부터 수입하고 있다. 소, 말은 각지에서 사육되어, 대부분 수요를 충당하고 있지만, 아직 소가죽(牛皮)이나 쇠고기(牛肉)의 수입이 적지 않다.
임업	삼림은 그 면적이 우리나라 총면적의 약 2분의 1에 해당되며, 각지에서 목재가 벌채되고 있다. 주된 목재는 기소다니(木曾谷)와 아리산(阿里山)의 노송나무, 요네시로가와(米代川)와 기가와(紀川)유역의 삼나무, 압록강 유역의 적송, 사송, 낙엽송, 홋카이도본섬과 사할린의 가문비나무, 분비나무이다. 제재업도 곳곳에 발달하여, 아키타(秋田)현의 노시로(能代)항, 타이완의 가기(嘉義), 조선의 신의주에는 대형 제재소가 있다. 목재는 생산액이 적은데도 불구하고, 수요가 매년 증가하여 부족하므로, 미국, 시베리아, 캐나다로부터 수입하여 이를 충당하고 있다.

광업	목재를 원료로 하는 펄프의 제조업 및 제지업은 근래에 크게 발달하여, 홋카이도본섬, 사할린 등에서 생산하는 양이 점점 증가되어, 지금은 수요의 대부분을 충당하고 있다. 우리나라의 광산물 가운데, 가장 중요한 것은 석탄으로, 주로 지쿠호(筑豊), 미이케(三池), 이시카리(石狩), 도키와(常磐) 등 여러 탄전에서 채굴되어, 와카마쓰(若松), 미이케(三池), 무로란(室蘭) 등 여러 항구에서 출하된다. 무연탄은 평양부근의 탄전에서 생산되며, 우리나라에는 그다지 많지 않다. 철광은 황해도와 내지(內地)의 가마이시(釜石)에서 산출되는 것 외에는 내세울 것이 없어, 중국이나 말레이반도에서 수입하고 있다. 그러나 여러 종류의 공업이 발달함에 따라 철의 수요는 점점 증가일로에 있어, 공급이 크게 부족하기 때문에, 미국, 독일, 영국 및 인도에서 철이나 철재를 대량 수입한다. 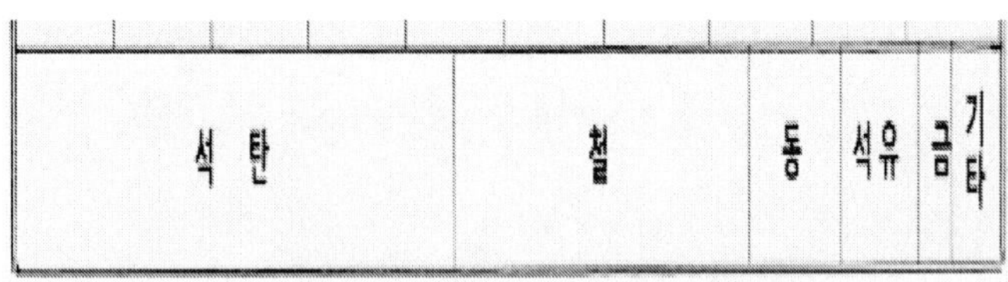 **우리나라 주요 광산물의 생산액 비교** **총생산액 약 6억 3천만 엔(1928년)**

기타 주요 광산물로는 동광(銅鑛), 금광(金鑛), 석유가 있다. 우리나라는 세계적으로 동(銅)의 주요 산지로서, 벳시(別子), 아시오(足尾), 고사카(小阪), 사가노세키(佐賀關), 히타치(日立) 등 여러 광산에서 동(銅)을 채굴하고 제련하는 액수가 대단히 많다.

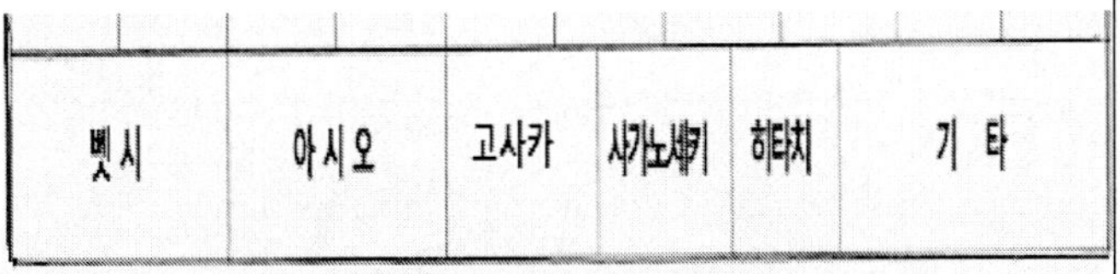

벳시	아시오	고사카	사가노세키	히타치	기타

우리나라 주요 동(銅) 생산지의 생산액 비교
총 생산액 약 5천 5백만 엔(1928년)

금광은 오이타(大分), 이바라키(茨城), 가고시마(鹿兒島) 등 여러 현, 홋카이도본섬의 북동부, 조선의 북서부에서 산출하며, 그 제련고가 많은 곳은 사가노세키(佐賀關), 히타치(日立), 운잔(雲山)이다.

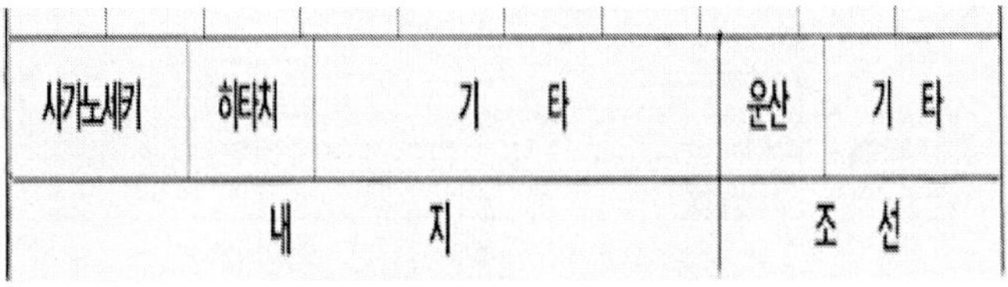

사가노세키	히타치	기타	운산	기타
내지			조선	

우리나라 주요 금(金) 생산지의 금 생산액 비교
총 생산액 약 2천만 엔(1928년)

석유의 원유는 주로 니가타(新潟), 아키타(秋田) 2현에서 생산되는데, 근래 석유 수요가 급격히 증가해 온 까닭에,

	도저히 국산만으로는 부족하여, 미국이나 말레이제도 및 러시아로부터 다량의 원유나 제품을 수입하고 있다. 또 근래 우리나라는 북사할린(北樺太)유전 일부의 채굴권을 얻어, 이 부족분의 일부를 보충하고 있다.
	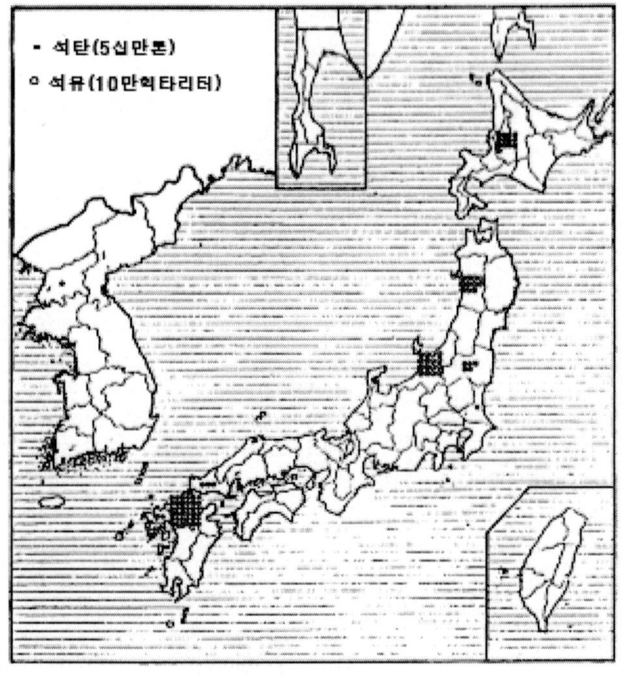 **석탄・석유의 분포도(1928년)**
수산업	우리나라 근해에는 난류와 한류가 흐르고 있어서 각각 특유한 어류가 많고, 이에 따라 우리나라는 예로부터 수산업이 활발하여 지금은 세계 제일의 수산국이 되었다.

근래 어항의 설비를 비롯하여 어선, 어구(漁具) 등이 개량됨에 따라 어장이 크게 확장되어, 멀리 오가사와라(小笠原)제도나 캄차카반도 근해로 출어하는 사람도 있다.

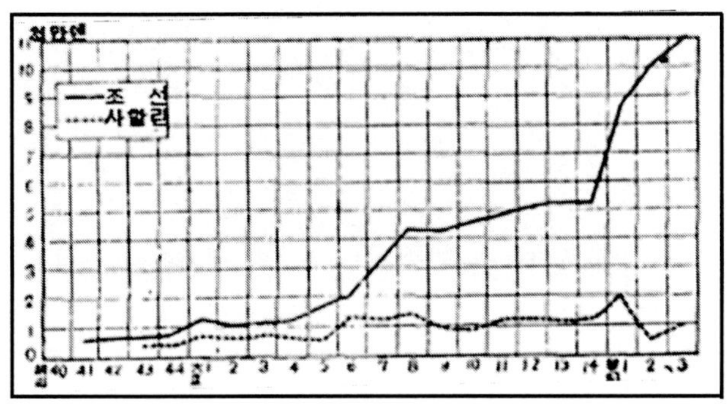

조선・사할린의 수산물 증가표

어획물 가운데 정어리는 전국 각지의 근해에서 잡히지만, 가다랑어, 참치, 도미는 난류의 흐름에 있는 태평양근해 및 동중국해에서 잡히며, 청어와 게는 한류의 흐름에 있는 홋카이도, 사할린, 북부조선 근해에서 잡힌다.

수산물의 주된 집산지는 시모노세키(下關)와 하코다테(函館)이다. 시모노세키가 수위를 차지하고 있는 것은 어류가 풍부한 조선근해에 어장이 갖춰져 있기 때문이다.

주요 수산제조물은 가다랑어포를 비롯하여, 깻묵, 건어물, 절임, 통조림 등이다. 그 중 중요한 수출품은 게통조림, 건오징어, 다시마 등이다.

게 가공선내의 작업

제염업은 세토나이카이연안에 발달되어 있다. 그 밖에 조선, 타이완, 관동주에서도 행해지고 있는데, 그럼에도 더 부족하기 때문에, 중국에 수입을 의존하고 있다.

공업

우리나라와 같이 국토가 좁고, 인구밀도가 높은 나라에서는 공업의 발달을 도모하는 것이 산업상 유리하다. 우리나라는 석탄 생산액이 많은데다, 강의 흐름이 빠르고 수량이 풍부한 점에서, 수력의 이용이 용이하므로, 많은 동력을 얻을 수 있다. 따라서 교통기관의 발달, 학문과 기술의 진보와 더불어 공업은 근래 장족의 발전을 이루어, 각지에 여러 종류의 큰 공장이 생겨서, 주로 기계의 힘으로 국내산 원료는 물론 외국산 원료로도 대량의 공업품을 생산하고 있다.

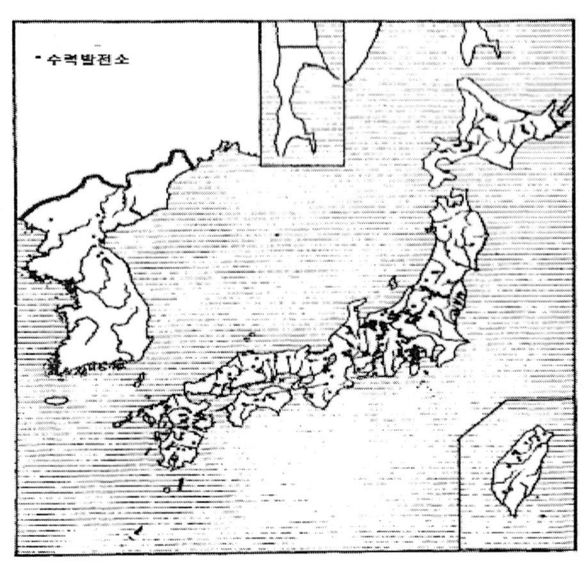

우리나라 수력발전소 분포도

이 때문에 지금 우리나라는 세계 유수의 공업국이 되었다. 특히 한신(阪神)지방, 게이힌(京濱)지방, 기타규슈(北九州), 나고야(名古屋) 부근은 모두 국내의 주요공업지역으로서, 제품의 종류도 생산액도 대단히 많다.

가장 주요한 공업품은 순국산 생사와 견직물, 외국에서 수입한 면으로 가공한 면사와 면직물이다. 이들의 생산액은 다른 공업제품의 생산액을 훨씬 능가할 뿐만 아니라, 우리나라 무역의 성쇠와도 밀접한 관계를 가지고 있다. 또 직물의 발달에 수반하여 염색공업도 진보해 왔다.

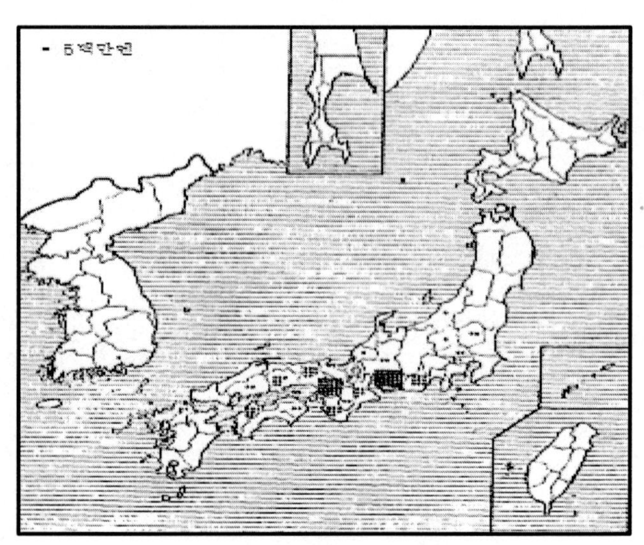

면직물 생산 분포도(1928년)

그 밖의 주요 공업품으로는 술, 담배, 모직물, 화학비료, 설탕, 종이(洋紙), 맥분, 알코올, 맥주, 공업용 약품, 장유, 도기, 메리야스 등이다.

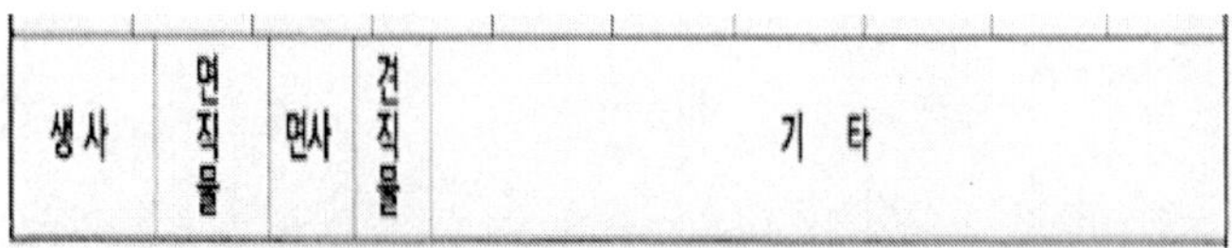

우리나라 주요 공업제품 생산액 비교

이들 공업품은 국내의 수요를 충당할 뿐만 아니라, 외국으로 수출하는 것도 있지만, 외국에서 수입하여 그 수요를 충당하고 있는 것도 있다.

우리 아메리카 항로의 큰 기선

교통

산업 발달에 수반하여 도로나 철도도 현저하게 연장되어, 육상교통이 편리하게 된 것은 말할 나위도 없다. 국내의 여러 항구는 항로가 서로 연결되고, 그 주된 것은 외국의 여러 항구와도 항로가 서로 통하여, 국내외 공히 해상교통편이 크게 발전하였다. 또 항공사업도 이미 실용 가능하게 되었다.

여객비행기

도로

근래 자동차교통의 발달에 따라 도로는 현저하게 개선되고, 그 가치가 한층 더해졌다.

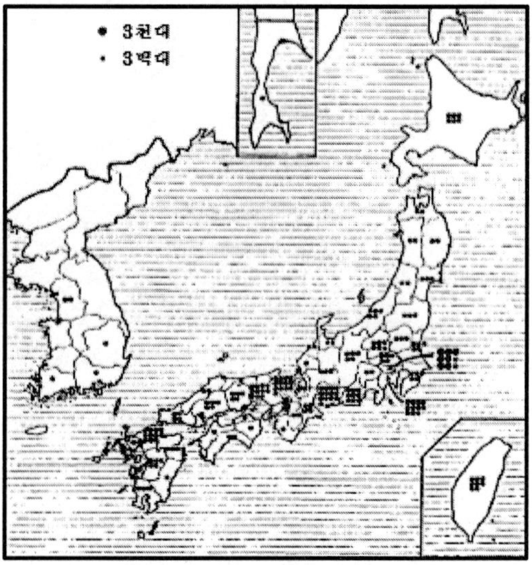

자동차의 분포도(1930년)

철도

철도의 연장은 약 27,000킬로미터이다. 간선은 도쿄를 중심으로, 북쪽은 오우(奥羽)지방, 홋카이도본도을 거쳐 사할린에 이르고, 남쪽은 주부(中部), 긴키(近畿), 주고쿠(中國)지방을 거쳐 규슈 남부에까지 미치고 있다. 또 조선을 종관하여 달리고 있는 간선이 있어, 만주의 우리 남만주철도로 연결되고 있다. 이들 간선을 연결하기 위해 해상에는 철도연락선이 왕래하고 있다. 철도가 가장 잘 발달되어 있는 곳은 간토평야, 노비(濃尾)평야, 긴키(近畿)지방의 여러 평야, 규슈 북부의 여러 평야 등이다.

최신식 증기기관차

항로

강은 급류가 많은 까닭에 선박운송은 그다지 발달되지 않았지만, 사면이 바다인데다 해안선의 드나듦이 풍성하기 때문에, 해상항로는 잘 발달되어 있다. 항로는 요코하마(横濱), 고베(神戸), 오사카(大阪)를 주요 기점으로 하여 국내외 각지의 여러 항구로 연결되어, 우리나라는 현재 세계 유수의 해운국으로 알려지게 되었다. 기선의 총톤수는 약 400만 톤으로, 그 중에는 10,000톤 이상의 것도 적지 않다.

항공로

주된 항공로는 도쿄를 기점으로 오사카에 이르고, 더욱이 후쿠오카(福岡), 울산, 경성을 거쳐 만주의 주요지역에 이르는 항공로이다. 도쿄 오사카간은 불과 2시간 30분에, 경성 도쿄간은 9시간 30분에 비행한다.

통신

우편, 전신, 전화는 국내 도처로 통하고 있으며, 통신편은 거의 완비되어 있다.

외국항로가 발달됨에 따라, 여러 외국과의 통신은 날로 편리해지고 있으며, 해저전선, 무선통신으로 세계의 각지와도 연락하고 있다. 또 근래 라디오도 활발하게 이용되고 있다.

도쿄중앙방송국 신고(新鄕)방송소

상업·무역

우리 국내의 상업은 오사카와 도쿄 2대 중심지에 의해 지배되고 있다. 산업이 발달하고, 교통이 진보함에 따라 무역도 왕성하게 되어, 연간 무역액은 44억 엔(圓)을 초과하였다. 따라서 우리나라는 이제 세계의 주요 무역국의 하나가 되었다.

가장 주된 수출품은 생사이며, 면직물과 견직물이 그 뒤를 잇고 있다.

생사	면직물	견직물	기타	면	철과철재	목재	양모	기계	콩류	기타
우리나라에서 수출				우리나라로 수입						

주요 무역품의 무역액 비교
총수입액 약 24억 엔, 총수출액 약 20억 엔(1928년)

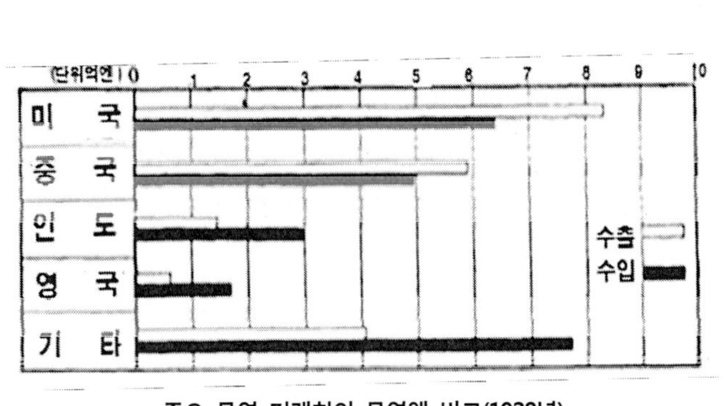

주요 무역 거래처의 무역액 비교(1928년)

가장 주된 수입품은 면이며, 그 다음으로 철, 철재, 목재, 양모, 기계, 콩깻묵 순이다.

우리나라 무역은 주로 고베(神戶), 요코하마(橫濱) 두 항구를 비롯하여 오사카(大阪), 나고야(名古屋), 모지(門司) 등 여러 항구에서 행해지며, 주된 거래처는 미국, 중국, 만주국, 인도, 영국, 말레이제도, 독일, 오스트레일리아 등이다.

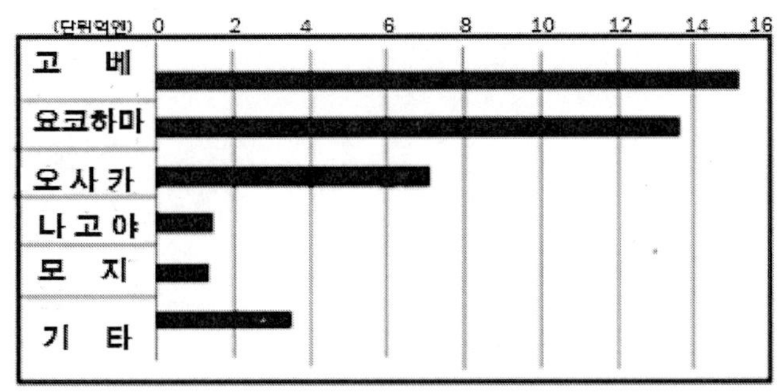

주요 개항장의 무역액 비교(1928년)

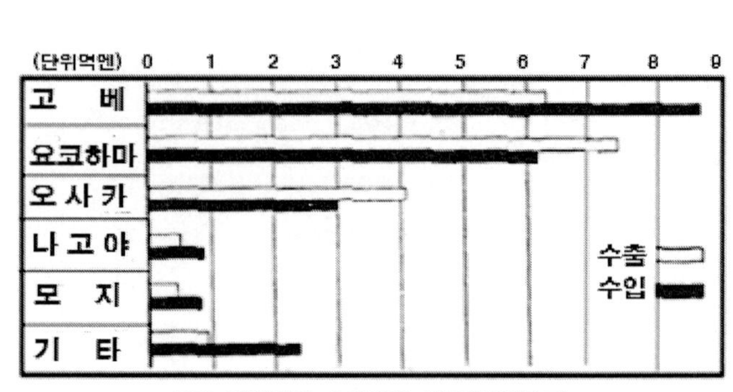

주요 개항장의 수출입액 비교(1928년도)

인구

국민 총수는 9,000만을 넘고, 인구증가율도 높아 밀도는 1평방킬로미터에 134명으로, 세계적으로 인구밀도가 높은 나라이다. 밀도가 가장 큰 지방은 산업, 교통이 발달되어 있는 간토지방, 긴키(近畿)지방 등이다.

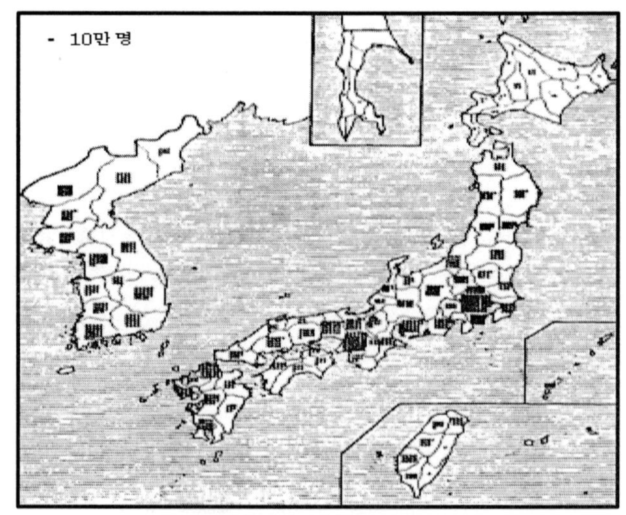

우리나라 인구의 분포도(1930년)

제15 대양주(大洋州)

위치·구역

대양주(大洋州)는, 우리 남양 위임통치지 및 그 인근의 태평양 중부에서 남부에 걸쳐 산재해 있는 크고 작은 수많은 섬들과, 오스트레일리아(호주)대륙을 말한다. 그 대부분은 지구의 남반구에 있다.

총면적은 유럽주보다 조금 작다. 또 오스트레일리아대륙은 세계 대륙 중에서 가장 작다. 인구는 대략 9백만, 그 중 10분의 7은 백인이며, 그 외에는 주로 원주민이다.

대양주는 대부분은 영국에, 일부는 우리나라, 프랑스, 미국, 네델란드 등 여러 나라에 속해있다.

오스트레일리아

지형·기후

오스트레일리아대륙은 대개 고원형태로, 동부는 약간 높고, 산맥은 해안에 연접하여 남북으로 뻗어 있다. 중부에서 서부에 걸친 지역은 한서의 차가 극심하고, 강우량이 매우 적으며, 대부분은 사막 또는 초원으로 되어 있다. 남동부만이 온화하고, 산지(山地)에는 강우량도 많아, 여기서 수량이 풍부한 강이 흘러나오고 있다.

산업

토지가 개척되고 나서 아직 얼마 되지 않은 점과, 비가 적어 불모지가 많은 점에서, 산업은 대체적으로 부진하다. 그러나 기후가 온화한 남동부에서는 관개(灌漑)도 정비되어 농업과 목축이 발달해 있다.

오스트레일리아의 목양

그 중에도 밀의 재배나 양과 소의 목축이 가장 활발하여, 양모의 생산액은 단연 세계 제일이다. 또 밀, 육류의 생산액도 대단히 많다. 이들의 대부분은 영국 본국으로 수출되며, 일부분은 우리나라에 수출된다. 그 외에 금, 석탄 등 광산물도 많다.

양모의 수확

오스트레일리아	러시아	미국	아르헨티나	남아프리카 연방	뉴질랜드	기 타

세계 양모 생산액 비교
총 생산액 약 160만 톤(1928년)

시드니 항

도시	남동부는 이처럼 기후가 좋고 산업도 활발하기 때문에, 도시도 발달되어 왔다. 그 중에서도 시드니와 멜버른은 좋은 항구로 무역이 왕성하게 행해지고 있다. 이들 여러 항구와 우리나라와의 사이에는 항로가 열려있어서, 우리나라에서는 견직물을 수출하고, 이 두 항구에서는 양모, 밀 등을 수입한다. 수도 캔버라는 시드니 남서쪽에 있다.

산호초를 가진 화산섬

제도	태평양 위의 제도(諸島)는 뉴질랜드제도와 같은 1, 2개의 섬 외에는 작은 섬들로, 대체적으로 화산섬(火山島)이거나 혹은 낮은 산호초(珊瑚礁)이다. 열대 안에 있는 섬들도 해양의 영향을 받아서 기후는 비교적 견디기 쉽다. 작은 섬이 많은데다 주민들도 미개한 사람이 많아서, 산업은 발달되어 있지 않다. 그러나 태평양에서 교통의 요로에 해당되기 때문에, 정치적으로나 군사적으로도 중요한 섬들이 적지 않다.
뉴질랜드	뉴질랜드는 영국령으로, 기후가 온화하고 양모(羊毛)의 수출액도 많으며, 밀도 생산한다.
하와이제도	하와이제도는 태평양 교통상의 중요한 곳으로, 미국에 속하며, 토지가 잘 개발되어 있어 사탕수수 재배가 왕성하다. 주민의 10분의 4는 우리나라 사람으로, 그 수는 약 14만이다. 호놀룰루는 이 제도(諸島)의 중심지이다.  **호놀룰루항**

	## 제16 아프리카주
위치·구역	아프리카주는 인도양을 사이에 두고 오스트레일리아 대륙의 서쪽에 위치하며, 북쪽은 지중해를 사이에 두고 유럽주와 마주하고, 아시아주와는 수에즈지협(地峽)으로 간신히 연결되어 있다. 크기는 세계 제2의 대륙이며, 대부분은 영국, 프랑스 등 유럽제국의 영지이다.
지형	아프리카대륙은 북부가 넓고 남부는 좁다. 대개 고원 형태이고, 나일강, 콩고강 등의 큰 강도 있지만, 고원이 해안 가까이까지 육박해 있는 곳이 많은 까닭에, 대부분의 강은 하류가 급류나 폭포를 이루고 있다. 해안선의 드나듦은 대단히 적다.
기후	대륙의 대부분은 열대에 해당되어 더위가 극심하다. 중부 지역은 강우량이 많아서 대삼림을 이루고 있지만, 북부의 내륙은 강우량이 적어 세계 제일의 사하라사막이나 넓은 초원이 있다.
북부지방	이집트는 나일강 하류에 있다. 나일강은 매년 여름이 되면 범람(氾濫)하여 상류에서 운반되어 오는 비옥한 흙이 연안의 평지에 퇴적되기 때문에, 예로부터 농업이 발달하여 면과 곡류가 많이 생산된다.
	카이로는 이집트의 수도이며, 그 부근에는 고대문명을 말해주는 피라미드와 스핑크스가 있다.

나일강의 홍수와 피라미드

동부지방

대륙의 동해안에 있는 여러 항구와 우리나라와의 사이에는 최근에 항로가 개통되어 직접적으로 무역이 행해져, 우리나라에서 면포(綿布)를 수출하고, 이 지방에서 원면(綿)이나 소다를 수입한다.

남부지방

영국령 남아프리카연방은 전 세계에서 이름난 금과 금강석의 주산지이다. 대륙의 남단 희망봉 가까이에 있는 케이프타운은 인도양과 대서양 간의 교통상 요지이며, 우리나라 기선도 기항(寄港)한다.

교통

본 대륙은 지형적으로 좋은 항만이 부족하고 강도 바다와의 연결이 열악하며 기후도 좋지 않기 때문에, 개발이 늦고 교통은 발달되지 않았다. 그러나 근래에 카이로에서 케이프타운에 이르는 종관(縱貫)철도공사가 진행되고 있기 때문에, 이것이 완성되면, 교통도 점차 편리해 지겠지요.

수에즈지협을 절개한 수에즈운하는 길이 약 160킬로미터, 유럽주와 아시아주와의 해상교통의 간선으로, 선박의 왕래가 끊이지 않는다.

수에즈운하

제17 남아메리카주

위치·구역

남아메리카주는 대서양을 사이에 두고 아프리카주의 서쪽에 위치하고 있다. 남아메리카주는, 약간의 식민지를 제외한 대부분이 브라질, 아르헨티나, 칠레 등의 나라로 나뉘어져 있다.

지형

본 대륙은 북쪽으로 넓고 남쪽으로 좁은 거의 삼각형의 대륙이며, 지형상 대체로 서부, 중부, 동부 세 부분으로 나뉘어져 있다.

서부에는 태평양해안을 따라 남북으로 뻗어 있는 안데스산맥이 있어, 본 대륙의 대분수령을 이루며, 이에 연접하여 무수한 화산이 솟아있다. 이 산맥은 땅이 매우 높고 험준하며, 태평양연안으로 급경사를 이루고 있다.

동부에는 브라질 산지가 있지만, 이것은 대체로 고원형태로 되어 있어, 그다지 높지 않다.

이 두 산지 사이에는 넓은 평지가 있는데, 그 북부에는 아마존강이 동쪽으로 흐르고, 남부에는 라플라타강이 남쪽을 향해 흐르고 있다. 둘 다 수량이 풍부하고 흐름이 완만하다.

기후

이 대륙의 북쪽 절반은 열대에 속해 있기 때문에, 저지대는 더위가 심하고 습기도 많아, 아마존강유역은 큰 삼림으로 덮여 있다.

아마존강 연안의 밀림

브라질의 고원과 온대에 속하는 남부의 저지대는 기후가 온화하고 강우량은 비교적 적다.

산업

브라질의 아마존강유역은 기후가 건강에 적합하지 않기 때문에서 산업도 발달하지 못하고, 다만 대삼림의 고무나무에서 고무가 채집되는 정도이다. 이에 반하여 브라질고원은 커피 재배에 적당하여, 세계 총생산액의 대부분을 산출하며, 주로 산토스항에서 각국으로 수출된다.

커피 열매

커피 수확

브라질 남부, 아르헨티나 북부 및 칠레의 중부는 기후와 지형이 모두 농업이나 목축에 적합하기 때문에, 여러 외국으로부터 이민자가 많다. 그러나 아직 인구가 면적에 비하여 현저하게 적으므로, 이민을 환영하고 있다. 아르헨티나는 많은 밀을 생산하며, 또 양이나 소의 목축도 활발하다. 그 때문에 양모(羊毛), 가죽류(皮類), 육류(肉類)의 생산액도 대단히 많고, 밀과 함께 주로 부에노스아이레스항에서 각국으로 수출된다.

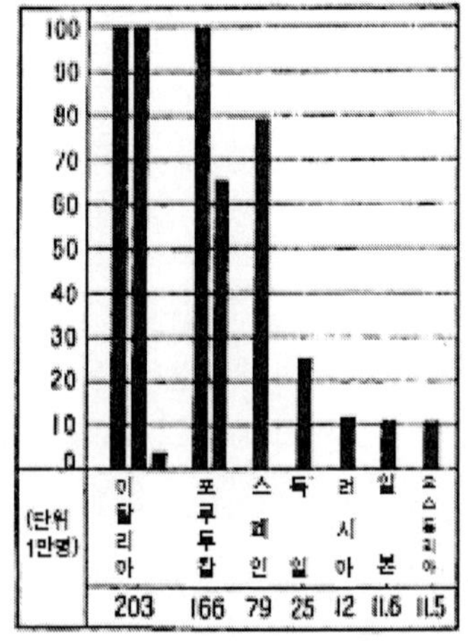

브라질의 각국 이민자 비교

교통	이들 나라와 여러 외국 사이에는 선박의 왕래가 활발함과 더불어, 내륙의 농목지(農牧地)에서는 철도가 잘 발달되어 있다.
도시	주요 도시는 브라질의 수도 리오데자네이로, 커피 재배의 중심지 상파울로, 아르헨티나의 수도 부에노스아이레스 및 칠레의 수도 산티아고 등이다.
	 상파울로
우리나라와의 관계	브라질과 페루를 비롯하여, 이 대륙의 각지에는 우리나라의 이민자가 활동하고 있다. 대서양방면에 있는 리오데자네이로, 산토스, 부에노스아이레스 등 여러 항구 및 태평양방면에 있는 발파라이소항, 페루의 카이야오항과 우리 요코하마, 고베와의 사이에는 정기항로가 연결되어 있어, 우리나라 기선이 왕래하는 일이 점차 많아졌고, 산토스, 카이야오는 우리 이민자의 상륙지이다. 따라서 상호간의 무역도 점차 발달되어 왔다.

남미의 일본인마을

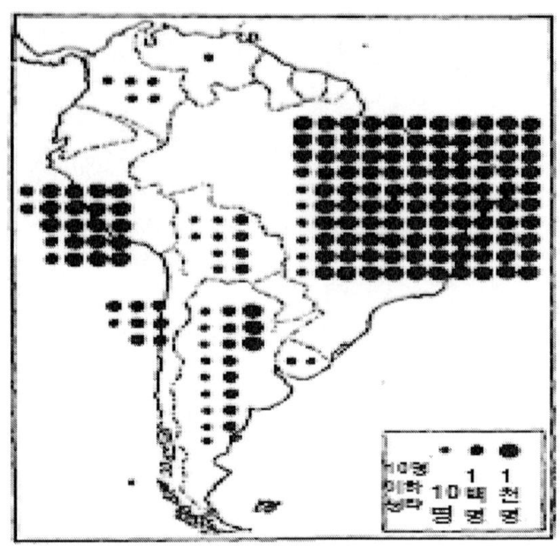

일본인 분포도

제18 북아메리카주

위치·구역

북아메리카주는 북반구의 신대륙으로, 남아메리카주의 북쪽에 위치하며, 남아메리카와 좁고 긴 지협(地峽)으로 이어져 있다. 북서쪽은 베링해협을 사이에 두고 아시아주와 마주하고 있다. 면적은 아시아주의 약 2분의 1, 인구는 약 7분의 1이다.

캐나다를 비롯하여, 영국의 영지가 곳곳에 있지만, 그 외에는 크고 작은 수많은 나라들로 나뉘어져 있다. 대부분의 나라는 국력이 약한 편인데, 오직 한 나라 미국은 세계 주요 강국의 하나이다.

지형

록키산맥

본대륙은 거의 삼각형 모양이며, 지형은 대략 남아메리카주와 비슷하여, 동서로 2개의 고지와 중앙부의 저지대 3부분으로 나뉘어져 있다.

서부고지의 록키산맥은 남북으로 길게 뻗어 있는 웅대한 산맥으로, 대분수령을 이루며, 중앙부는 산맥이 여러 줄기로 나뉘어, 그 사이에 고원과 분지를 끼고 있다.

	또 아시아주의 태평양연안을 달리는 화산대는 알류산열도를 지나 본 대륙으로 들어와서, 서부의 고지를 따라 뻗어 있다. 동부의 아파라치아산맥은 록키산맥에 비해 매우 낮다. 이들 동서 두 고지 사이에는 넓은 저지대가 있다. 이것은 남북의 두 경사지로 나뉘는데, 그 분수계(分水界, 인접한 하천 유역의 경계) 부근에는 슈페리어호, 미시간호 등, 이른바 5대호가 있다. 북부의 평야는 주로 세인트로렌스강 유역과 허드슨만의 경사면이며, 남부의 평야는 미시시피강유역이다. 미시시피강은 세계에서 가장 긴 강으로 수량이 풍부하며 흐름도 완만하다.  나이아가라폭포
농업·목축업	북부의 평야가 산업이 진보하지 못한 것은 추위가 심하고, 대체로 일 년 내내 얼어붙어 있는 툰드라지대가 많은 까닭이며, 남쪽으로 감에 따라 기후도 온화해지고 토질도 비옥하며, 관개(灌漑)도 잘 되어 있어서, 농업과 목축업이 대규모로 행해지고 있다.

미국의 밀 수확

캐나다 남부에서 멕시코만 연안에 이르는 지역은 세계적으로 유명한 농업지대로, 기후의 영향에 따라 북부에는 밀, 중부에는 옥수수, 남부에는 목화가 재배되며, 미국은 어느 것이나 생산액이 대단히 많다. 또 소와 돼지의 마릿수(頭數)가 매우 많은데, 이는 사료인 옥수수가 많이 나기 때문이다.

그 외에 기온이 높은 남부의 서인도제도에는 사탕수수가 재배되고, 특히 쿠바섬은 세계에서 가장 유명한 설탕(砂糖) 생산지이다.

미국의 태평양연안 캘리포니아주는 매우 온난하여, 오렌지, 포도 등을 생산하는 것으로 유명하다.

임업

캐나다의 동서부와 합중국의 서부에는 대삼림이 있어서, 목재의 산출이 많아 펄프 제조가 활발하다. 목재나 펄프는 우리나라에도 다량 수입된다.

수산업

캐나다에서 미국의 북동부에 걸쳐있는 대서양연안은 수산물이 풍부해서, 대구, 청어 등의 어획이 대단히 많다. 특히 뉴펀들랜드섬 근해는 세계 굴지의 큰 어장이 있다. 또한 캐나다와 알래스카의 태평양연안 강에서는 연어가 많이 잡혀, 우리나라 이민자 가운데 연어잡이 어업에 종사하는 사람도 있다.

광업

광산물은 매우 풍부하여, 미국의 철, 동(銅), 석탄, 석유, 멕시코의 은 등은 모두 다 그 생산액이 상당히 많아, 동(銅)과 석탄은 세계 총생산액의 약 2분의 1, 석유는 약 4분의 3을 차지하고 있다.

미국 태평양연안의 유정(油井)

석유의 주산지는 북동부의 고원, 중부지방의 평야 및 캘리포니아이며, 우리나라도 미국으로부터 석유를 많이 수입한다. 철광은 슈페리어호 부근에서 많이 생산된다.

이 철광은 5대호를 이용하여, 석탄을 많이 생산하는 북동부로 보내져서 제련된다.

공업

이렇게 공업원료나 연료가 풍부한데다 수력을 이용한 동력도 많으므로, 제철, 기계, 각종 직물, 제분(製粉) 등 대규모 공업이 발달되어 있다. 그러나 이것들은 미국에서 주로 행해지는 공업으로, 그 외의 지방은 그다지 활발하지 않다.

교통·상업

철도는 미국 및 캐나다 남부에 가장 잘 발달되어, 대륙을 횡단하여 태평양과 대서양을 연결하는 간선이 몇 개나 있다. 또 자동차의 이용도 대단히 활발하여, 자동차 수는 세계 총수의 약 4분의 3에 해당된다.

미국의 자동차 공장

5대호, 미시시피강 및 세인트로렌스강 등은 운하에 의해 연결되므로, 내륙의 수운은 잘 발달되어 있다.

	외국항로는 대서양방면에서 유럽주의 여러 항으로 연결된 것이 가장 많다. 또 태평양방면에서 아시아주의 여러 항으로 연결되는 항로도 점차 증가하고 있다.
	파나마운하는 미국에 의해 파나마지협을 절개하여 만들어진 수문식의 대운하로, 연장 80킬로미터이다. 이 운하가 개통되고 나서 대서양과 태평양, 양 대양을 연락하는 항로는 그 거리가 현저하게 단축되어, 세계의 교통에 큰 영향을 주게 되었다. 또 이 운하는 군사상으로도 중요한 운하이다.
	미국은 산업도 교통도 잘 발달되어 있어서 상업이 왕성하며, 무역액이 많기로는 영국과 어깨를 견줄만한 연간 150억 엔에 달하고 있다. 또 수입액에 비해 수출액이 훨씬 많다.
캐나다	캐나다 동쪽의 문호는 몬트리올이며, 서쪽의 문호는 밴쿠버이다. 밴쿠버에는 우리나라 항로가 개설되어, 그 부근에 우리나라 사람도 살고 있다. 수도는 오타와이다.
	 **벤쿠버항**

미국	미국의 동부지방은 일찍부터 개발되어 교통도 편리하고, 각종 산업이 잘 발달되어 있기 때문에 대도시가 많이 있다. 그 중에서도 뉴욕은 인구 약 600만, 런던 도쿄와 함께 세계적인 대도시이며, 무역액이 많기로는 세계 제일이다. 그 남쪽에 있는 필라델피아는 대도시이며, 워싱턴은 수도이다. 중부의 시카고는 교통의 요로에 해당되며, 뉴욕은 그 다음의 대도시로 농산물의 대규모 집산지이며, 공업도 왕성하다. 미시시피강 하구 인근에는 뉴올리언스가 있어서, 갤버스턴과 더불어 면의 출하가 활발하고, 우리나라의 기선도 기항한다.  뉴욕항  샌프란시스코항

면(綿)의 집적(集積)

시애틀, 샌프란시스코, 로스앤젤레스 등은 태평양연안의 중요한 도시로, 모두 다 우리나라와의 관계가 깊다.

미국 태평양연안에 거주하는 일본인의 농장

우리나라와의 관계

북아메리카주와 우리나라와는 태평양을 사이에 두고 마주하고 있어, 상호간 교통도 빈번하고 무역도 매우 왕성해졌다. 특히 미국과의 무역이 왕성하여 우리나라 무역액의 5분의 2는 미국과의 거래이다.

우리나라는 면, 목재, 철광류, 기계, 자동차, 밀, 석유 등을 수입하고, 생사, 견직물, 차, 도자기 등을 수출한다. 또 태평양연안의 각지에 거주하는 우리나라 사람이 많고, 미국에는 약 14만의 동포가 농업, 수산업 등에 종사하고 있다.

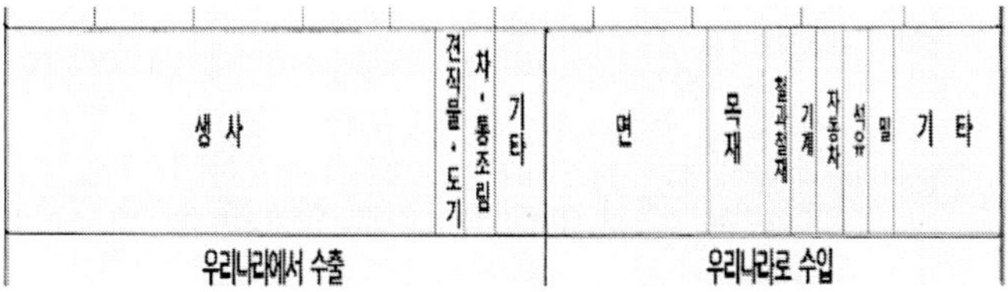

생사	견직물·도기	차·통조림	기타	면	목재	철과철재	기계	자동차	석유	밀	기타
우리나라에서 수출				우리나라로 수입							

우리나라와 미국과의 주요 무역품의 무역액
총 무역액 약 15억 엔, 수출초과 약 2억 엔(1928년)

제19 아시아주

1. 총론(1)

위치·구역

아시아주는 북반구에 있는 구(舊)대륙으로, 유럽주와 이어지는 대륙을 이루며, 남쪽에는 많은 섬이 있다. 아시아주의 면적은 세계 육지의 3분의 1이며, 그 주민의 총수는 약 11억으로, 세계 인구의 약 2분의 1을 차지하고 있다.

전 세계에서 가장 먼저 개화된 지역이지만, 우리나라, 만주국, 중국, 태국 등을 제한 다른 곳은 유럽과 미국의 영지이다.

지형

세계의 지붕이라 일컬어지는 파미르고원을 중심으로 높은 산맥이 여러 방향으로 뻗어 있어, 아시아주의 주된 분수령을 이루고 있다. 그 가운데 히말라야산맥은 세계에서 가장 높고 웅대한 산맥이며, 주봉(主峰) 에베레스트산을 비롯하여 8,000미터 이상의 높은 산들이 솟아있다. 이들의 산맥 사이에는 티베트, 몽고 등 광대한 고원이 있다. 또 이들 산맥의 남서쪽에는 이란고원, 아라비아고원 등이 있는데, 그곳에는 넓은 사막이나 초원을 이루고 있는 곳이 많다.

히말라야산맥

중앙부의 고지와 해안 사이에는 여러 방면으로 낮은 대평원이 있다. 북쪽으로는 시베리아 평원이 있고, 동쪽으로는 중국평야가 있으며, 남쪽으로는 인도평야가 있다. 시베리아의 평원에는 오비강과 예니세이강이 흐르고, 중국평야에는 황하와 양자강이 흐르며, 인도평야에는 갠지스강과 인더스강이 흐르고 있다.

황하(黃河)의 철교

대륙의 동쪽 가장자리에는 일본열도로부터 말레이제도에 이르는 많은 섬들이 있으며, 이들을 따라서 화산대가 있다.

기후	아시아주는 넓은 지역에 걸쳐 있고, 지형도 복잡하기 때문에, 곳에 따라 기후도 제각각 다르다. 시베리아는 위도가 높아서 저온이며, 특히 겨울추위가 극심한 북부는 툰드라지대이다. 남동부인 중국의 해안지방은 기후가 온화하며, 여름은 강우량도 많고, 남동아시아 및 인도지방은 열대 내에 있기 때문에 연중 고온이며, 강우량도 매우 많다. 내륙지방은 한서의 차가 심하고, 또 강우량도 적어서 초원과 사막이 있다.
	2. 만주국
위치·구역	만주국은 조선의 북서쪽에 위치하며, 두만강, 압록강 및 장백산맥으로서 국경을 이루는 우리나라 접경지역이다. 북쪽은 흑룡강을 경계로 하여 시베리아에 접하고, 남쪽은 발해에 직면해 있으며, 서쪽과 남서쪽은 중국에 접해 있다.
면적	만주는 원래 중국의 일부로, 봉천, 길림, 흑룡강 3성이었는데, 독립하여 만주국이 됨과 동시에 동부 내몽고를 추가하여 열하(熱河), 흥안(興安) 2성을 새로 두게 되었다. 면적은 약 120만 평방킬로미터로, 우리나라의 약 1.8배에 해당한다.
지형	만주국은 서쪽에서부터 북쪽에 걸쳐 흥안령(興安領)이 고원형태로 가로놓여 있으며, 동쪽에서부터 남동쪽에 걸쳐 백두산을 중심으로 장백산맥이 길게 이어져 있다.

	평야는 이들 산지에 둘러싸여 중앙부에 넓게 남북으로 이어지며, 남쪽 중 한쪽이 발해를 향해 펼쳐져 있다. 공주령(公主領) 부근이 약간 고지를 이루고 있어서, 저절로 이 평야가 둘로 나뉘는데, 북부로는 송화강(松花江), 남부로는 요하(遼河)가 흐르고 있다. 송화강은 백두산에서 발원하여 북서쪽으로 흘러, 눈강(嫩江)과 합류하여 북동쪽으로 향해 흑룡강으로 흘러들어간다. 요하는 흥안령 남부에서 흘러나와 운하(渾河), 태자하(太子河)와 합류하여 발해로 흘러들어간다. 만주국의 해안선은 길지 않지만, 요동반도가 남쪽으로 돌출되어 있다.
기후	만주국은 대륙성기후가 뚜렷한 시베리아나 중국령 몽고에 접하여 바다에 면해 있는 곳이 적은데다, 장백산맥이 해풍을 가로막고 있어서, 한서의 차가 조선보다도 심하고, 특히 겨울추위가 조선보다도 극심하다. 여름은 비교적 기온이 높다. 비는 7, 8월에 많이 내리는데, 1년을 통틀어 대체로 적고, 공기가 건조해서 맑은 날이 많다.
산업	만주평야는 넓고 토질이 비옥하며, 봄부터 여름에 걸쳐 비교적 기온이 높고, 비도 이 계절에 많아서 농작물의 발육에 적합하므로 농업이 활발하다.
농업	주요 농작물은 콩으로, 연간생산액이 540만 킬로리터를 넘는다. 콩은 다량으로 수출될 뿐만 아니라, 콩깻묵(豆粕), 콩기름(豆油)의 제조원료로도 이용된다.

장춘(長春)의 콩 야적(野積)

콩깻묵과 콩기름은 주로 대련(大連), 영구(營口)에서 제조되며, 콩과 함께 이곳에서 출하되어 대부분은 우리나라로 보내진다.

콩 저장소

	그 밖에 수수(高粱), 조(粟), 옥수수, 밀(小麥) 등의 생산액도 많고, 또 삼(麻)과 과일 등의 재배도 활발하다. 이들 농작물은 건조한 기후에 잘 견딜 수 있으므로, 이 지방에 적합한 작물이다. 농업이 가장 활발한 곳은 남만주 평야이다. 북만주는 겨울이 길고 추위가 극심하여, 농업은 남만주만큼 활발하지 않지만, 단지 밀 생산액이 많아 밀가루로 수출되는 것도 많다. 하얼빈은 제분업의 중심지이다. 근년 논(水田)이 각지에 개발되어 점차 쌀 수확이 증가하고 있다. 이들 작물의 경작에 종사하는 사람으로는 조선에서 이주한 사람이 많다. 그 구역은 남만주는 물론 북만주의 3성(三省)까지도 미치고 있다. 또 남부지방에서는 산누에(柞蠶)업도 활발하다.
목축업	목축은 북부에서 성행하며, 말, 소, 돼지, 산양, 면양(綿羊) 등이 많아, 각종 모피(獸毛), 가죽(獸皮)을 생산한다. 특히 면양(綿羊)의 사육에 주목하여, 품종개량이나 생산액 증가에 힘쓰고 있다.
임업	만주의 동부 산지에는 조선의 북부로 이어지는 대삼림이 있다. 압록강유역의 삼림지방에서는 우리나라 사람과 만주인의 협동회사가 있어서, 목재를 벌목하여 출하하고 있다. 그 대규모 집산지는 신의주 맞은편에 있는 안동(安東)이며, 이곳은 제재업도 활발하다. 또 송화강유역의 목재는 길림(吉林)으로 집산되어, 건축용 자재나 제지원료, 성냥재료 등을 공급하고 있다.

안동(安東)의 중국 뗏목

수산업

요동반도의 연안 각지에서는 서부조선과 같이 천일제염이 행해지고 있다. 근해에서는 도미, 대구, 조기 등이 잡히고, 요하(遼河)나 송화강(松花江)에는 대부분 민물고기가 잡힌다.

광업

주된 광산물은 석탄, 철광, 사금(砂金) 등으로, 그 중에서도 봉천의 동쪽에 있는 무순(撫順)탄광은 동양 굴지의 대규모 탄광으로, 우리 남만주철도주식회사에 소속되어 있다. 이곳에서 채굴된 석탄은 대련에서 외국으로도 출하된다. 또 이 외에도 본계호(本溪湖), 연대(煙臺)의 탄광, 안산(鞍山), 묘아구(廟兒溝)의 철광산 등 우리나라 사람이 관계하고 있는 광산이 적지 않다. 사금(砂金)은 주로 북부에서 생산된다.

무순(撫順)탄광의 노천굴

공업

만주는 원료나 연료 등이 풍부해서, 공업을 일으키는 데 적합하다. 현재 활발한 공업은 제유업, 제분업 및 양조(釀造)업이며, 제철, 제재, 직포(織布), 제혁(製革), 연초(煙草) 및 펄프제조 등도 행해지고 있다

안산(鞍山)제철소

교통
철도

남만주철도의 본선은 대련(大連)을 기점으로 북쪽으로 향하고, 봉천에서 안봉선(安奉線) 및 봉산선(奉山線)

과 만나, 더 북쪽으로 향해 신경(新京)에 이르러 동중국철도와 연결된다. 이 동중국철도는 신경에서 북쪽 하얼빈에 이르러 블라디보스토크에서 오는 동중국철도와 만나, 북서쪽으로 진행하여 시베리아철도의 간선과 연결되어 유럽대륙으로 통하고 있다.

신경(新京)정차장

안봉선은 압록강철교에 의해 조선철도와 연결되어, 조선 및 내지와 만주 및 유럽대륙을 연결하는 하나의 간선을 이루고 있다. 봉산선은 산해관(山海關)에서 중국철도와 연결되어 있다. 그 밖에 봉천에서 길림(吉林)에 이르는 철도와 남만주철도의 사평가(四平街)에서 정가둔(鄭家屯), 조남(洮南), 앙앙계(昂々溪)를 거쳐 지치하루(齊々哈爾)에 이르는 철도 등도 있다. 또 신경(新京)에서 조선의 회령(會寧)에 이르는 철도도 대부분 완성되어있다.

도로

도로는 보수가 불충분하여 모래먼지가 많고, 비가 내릴 때는 차축(車軸)이 빠지는 일이 허다하다. 그러나 동절기는 땅이 얼어서 좋은 길이 되어주기 때문에 오지의

	농산물 등은 이 시기에 운송되는 것이 보통이다.
수운	요하(遼河), 송화강, 흑룡강은 모두가 흐름이 완만하므로 수운(水運)편이 많아, 이 지역 주요 교통로가 되고 있다. 송화강은 하얼빈까지 기선이 통하며, 길림까지 작은 기선이 통하고 있다. 또 요하에서는 기선편은 영구(營口) 부근뿐이지만, 작은 배는 멀리 정가둔(鄭家屯)까지 거슬러 올라갈 수 있다. 이들 여러 강은 겨울에 동결되면 차마(車馬)가 자유롭게 빙상(氷上)을 왕래할 수가 있다.
	해상교통은 대련(大連), 영구(營口), 안동(安東)을 중심으로 우리나라를 비롯하여 중국 및 여러 외국 간에 활발하게 행해지고 있다.
상업	생산물이 증가함에 따라 무역은 해를 거듭할수록 왕성해져 가고 있다. 북만주에서는 하얼빈, 보크라니치나야, 만주리(滿洲里)에서, 동만주에서는 훈춘(渾春) 및 간도의 용정촌(龍井村)과, 국자가(局子街)에서 육상무역이 행해지고 있는데, 남만주는 북만주보다도 잘 개발되어있어서 무역도 한층 왕성하다. 주요 개항장은 대련(大連), 영구(營口), 안동(安東)이고, 수출품은 만주의 특산품으로 일컬어지는 콩깻묵(豆粕), 콩(大豆)을 주로 하며, 석탄, 조(粟), 콩기름, 수수, 산누에사(柞蠶絲) 등이 그 뒤를 잇는다. 수입품은 면직물을 위주로, 면사, 마대, 철류, 기계류, 밀가루 등이며, 거래처는 우리나라를 비롯하여 중국, 러시아, 미국 등이다.

주민	만주국에 살고 있는 우리나라 사람은 약 110만 명이며, 그 중 조선에서 이주한 사람이 90만을 넘는다. 러시아인은 북만주에 많다. 만주국의 총인구는 약 3,000만 명, 그 대부분은 한족(漢族)이며, 이 외에 만주족, 몽고족 등이 있다. 한족은 중국의 하북(河北), 산동(山東), 산서(山西) 등의 각 성(省)에서 이주한 사람들이다. 만주족은 옛날부터 이 땅에 있었던 사람들인데, 지금은 그 수가 줄어들고 있다. 몽고족은 서부에 살며 주로 목축과 농업에 종사하고 있다.
도시	만주의 정치의 중심은 오랫동안 봉천(奉天)에 있었지만, 만주국의 성립과 함께 신경(新京)이 수도가 되었다.  신경(新京)시가지 신경도 봉천도 성벽(城壁)으로 둘러싸인 구(舊)시가지와, 철도부속지인 신(新)시가지가 나란히 있다. 신경은 여러 철도의 연결점(連絡點)으로, 상공업이 활발하다.

특히 콩의 수송이 왕성하기로는 남만주철도연선 가운데서도 으뜸이며, 제유(製油), 제분(製粉), 성냥제조 등의 공장이 있다. 봉천도 여러 철도가 만나는 지점이어서, 상공업이 활발하고, 제마(製麻), 모직물(毛織物) 등의 공장이 있다.

봉천(奉天)시가지

하얼빈은 북만주의 중심지로, 철도의 교차점에 해당하며, 밀과 콩을 집산하고, 상공업이 왕성하여 제분, 제유 등의 공장이 있다. 이 땅은 러시아의 만주경영 근거지였다.

하얼빈 시가지

서부조선(西鮮)에 가장 가까운 안동(安東)은 제재(製材), 제유(製油), 산누에(柞蠶)공업이 행해지며, 이들 제품이 수출된다. 부근의 오룡배(五龍背)는 탕강자(湯崗子)와 함께 만주에서 유명한 온천지이다. 간도는 북부조선(北鮮)에 가깝고, 농산물 및 광산물이 풍부하며, 주민 대부분은 조선에서 이주한 사람들이다.

용정(龍井)마을의 시장

간도의 중심지는 용정(龍井)촌 및 국자가(局子街)이다. 훈춘(琿春)은 만주 동부의 중심지이다. 길림은 송화강 상류의 중심지로, 강 상류의 삼림에서 벌채한 좋은 목재를 내려 보내기 때문에, 제재, 성냥제조 등의 공업이 행해지고 있다. 개원(開原)은 콩의 집산이 많고, 공주령(公主嶺)에는 만철(滿鐵)농사시험장이 있다.

	하얼빈의 북서쪽에 있는 지치하루(齊々哈爾)는 북만주 서부의 중심지이며, 정가둔(鄭家屯)은 서만주의 제일의 문호로, 모피, 가죽, 콩 등의 집산지이다. 조남(洮南)과 통요(通遼)는 공히 서만주의 농목지(農牧地)로, 요즘 눈에 띄게 개척이 진행되고 있다. 특히 양의 사육은 장래가 유망하다. 영구(營口)는 요하(遼河) 하구에 있는 항구로, 요하의 수운에 의하여 내륙으로 가는 문호이다. 그러나 강이 해마다 얕아지고, 또 항구가 결빙되기 때문에, 화물은 대부분 대련(大連)에 빼앗기게 되었다. 승덕(承德)은 오래된 도읍이며, 적봉(赤峯)은 요하(遼河) 상류의 농업과 목축업의 중심지로서, 생산품의 거래가 이루어지고 있다.
우리나라와의 관계	만주국은 우리나라의 접양(接壤)지역으로, 국방, 무역, 이민에 있어 대단히 중요한 관계에 있기 때문에 우리 국민은 이 땅을 우리 생명선이라고 굳게 믿고 있다. 우리나라가 청일전쟁과 러일전쟁 2차례의 전쟁에서 막대한 희생을 치루면서도, 또 1931, 1932년에 있었던 만주사변에서 우리 장병이 생사를 걸고 비적 소탕에 진력했던 것도, 실로 이 생명선 옹호와 동양평화를 위해서이다. 이제 만주국이 새롭게 일어나 우리나라와 친선의 국교를 맺게 되었으므로 우리의 권익은 확인되고, 동양평화의 기초가 드디어 확립되기에 이르렀다.

3. 중국

위치·구역	중국(중화민국)은 아시아주의 동쪽을 차지하며, 황해, 동중국해를 사이에 두고 우리나라와 마주하고 있다. 면적은 우리나라의 약 40배나 되고, 인구는 세계의 약 5분의 1이나 되는 큰 나라이다. 국내는 중국본부와 몽고, 신장(新疆), 티베트(西藏) 등 여러 곳으로 나뉘어져 있는데, 그 가운데 개발되어 있는 곳은 중국본부뿐이다.
지형·기후	서부는 높고 험준한 산맥과 고원을 이루고, 황하(黃河)와 양자강(揚子江) 등 큰 강은 이 고지에 발원하여 동쪽으로 흘러, 그 하류에 드넓은 중국평야를 형성하고 있다. 해안지방의 기후는 대개 온화하고 강우량도 많지만, 내륙으로 갈수록 기후는 대륙성으로 강우량도 적고 한서의 차도 크다. 서부나 북부의 고원지방은 넓은 사막을 이루고 있다.
농업·목축업	중국본부의 주민은 중국 총인구의 10분의 9를 차지하고, 대부분은 중국평야에 살면서 농업에 종사하고 있다. 북부의 황하유역은 만주와 비슷하여, 주로 보리, 콩, 수수(高粱)를 생산한다. 이는 비가 적고 한서의 차가 심하기 때문이다. 중부 양자강유역은 기후가 온난한데다 비가 많아서, 쌀, 차, 고치, 목화, 마 등의 생산액이 많다. 따라서 제사(製絲), 제다(製茶), 견직물 업종이 발달하였

고, 특히 상해(上海)에서는 방적업이 활발하다. 또 남부의 주강(珠江)유역에서도 쌀, 차, 고치(繭) 등의 생산액이 많다. 생사, 견직물, 차 등은 이 나라 주된 수출품으로 상해, 광동(廣東), 홍콩(香港)에서 수출된다. 목축도 또한 왕성하여, 돼지, 소, 말, 양 등이 많다.

광업

중국본부에는 여러 종류의 유용한 광물이 풍부하게 매장되어 있다. 그러나 채굴되고 있는 것은 그 일부에 지나지 않는다. 광산물 가운데 가장 주된 것은 철광과 석탄으로, 철광은 대야(大冶)철광산에서 많이 채굴되며, 석탄은 주로 북부의 개평(開平), 중부의 평향(萍鄉) 및 산동의 여러 탄광 등에서 채굴된다. 한구(漢口)의 맞은편에 있는 한양(漢陽)에서는 대야(大冶)의 철광을 원료로, 평향(萍鄉)의 석탄을 연료로 하여 철을 제련하고 있다. 대야(大冶)철광산은 우리나라와도 관계가 깊어서,

대야(大冶) 철광산

	그 광석은 대량으로 야하타(八幡)제철소에 공급되며, 한양(漢陽)의 제철소에서 제련된 선철(銑鐵)도 또한 야하타(八幡)제철소로 보내지고 있다.
공업	중국에는 원료는 많지만 공업은 아직 미숙하여, 앞에서 서술한 것 외에는 도기, 칠기 등 정교(精巧)한 것을 만들어내는 정도이다.
교통·무역	중국평야는 비교적 교통이 편리하다. 철도는 외국자본에 의해 부설된 것이 많다. 북녕(北寧)선은 봉산(奉山)선과 연결되어 봉천(奉天), 북평(北平, 북경(北京)의 옛 이름)간을 연결하고, 평한(平漢)선은 북평에서 한구(漢口)에 이르며, 그 맞은편에서 남쪽으로 향하는 월한(粤漢)선과 연결을 유지하고 있다. 월한(粤漢)선은 차후 한구(漢口)와 광동(廣東)을 연결할 예정이다. 또 진포(津浦)선은 북녕(北寧)선의 중요 역인 천진(天津)에서 출발하여 남쪽 양자강 하류의 포구에 이르며, 그 맞은편 남경(南京)에서 상해(上海)로 이르는 철도와 연결되어 있다. 이들은 중국의 남북을 종관(縱貫)하는 가장 중요한 철도이다. 이 외의 주요철도는 교제(膠濟)선으로, 교주(膠州)만연안의 청도(青島)에서 출발하여, 제남(濟南)에 이르러 진포(津浦)선으로 연결되어 있다. 양자강은 천혜의 대 교통로로, 하구에서 1,000킬로미터 상류에 있는 한구(漢口)까지 해양을 항행(航行)하는 기선도 자유로이 왕래가 가능하여, 우리나라의 기선도 활발하게 교통하고 있다.

도시	중국본부는 해안선의 드나듦이 적고, 좋은 항구가 드물다. 해안의 주된 항구는 청도(靑島)와 홍콩(香港)이다. 그러나 강을 이용하는 항구는 천진(天津), 상해(上海), 한구(漢口), 광동(廣東) 등 여러 항구가 있는데, 모두 수상교통의 요지로 되어 있다. 그 중에서도 상해와 홍콩 두 항구는 우리 요코하마(橫濱)와 고베(神戶) 두 항구와 더불어 혼슈(本州)의 태평양방면에 있어 교통 및 무역의 대 중심지를 이루고 있다. 중국본부는 수많은 성(省)으로 나뉘어 있는데, 대개는 황하유역의 북부중국과 양자강유역의 중부중국, 주강(珠江)유역의 남부중국으로 나눌 수 있다. 북부중국의 북평(北平, 북경의 옛 이름)은 원래 수도이며, 천진(天津)은 그 문호에 해당하여 상업이 왕성하다. 청도(靑島)는 우리나라와 관계가 깊은 항구이다.  **북평(北平=北京)시가지와 성문**

청도(青島)

중부중국은 산업이 가장 잘 발달되어 있는 지방으로, 인구밀도도 높고, 따라서 도시도 많다. 상해(上海)는 급속히 발달한 중국 제일의 상공업지역으로, 도시의 규모도 장대하다.

상해(上海)항

남경(南京)은 중국의 수도이고, 한구(漢口), 한양(漢陽), 무창(武昌)은 양자강을 끼고 서로 마주하고 있는 교통의 요지이다.

남경(南京)의 부두

남부중국은 우리 타이완과 관계가 깊다. 광동(廣東)은 남부의 중심지이고, 홍콩(香港)은 영국의 영지로, 영국의 동양에서의 교통 및 군사상 중요한 항구이다.

홍콩(香港)

우리나라와의 관계

우리나라는 고래로 중국과 관계가 깊어서, 중국문명에 의지한 바가 많았지만, 근래 우리나라는 새로운 문화를 중국에 전하며, 그 계발(啓發)에 힘쓰고 있다.

중국은 국토가 넓고 각종 원료가 풍부하며 인구도 많기 때문에, 우리나라는 공업원료를 중국에서 구하고, 공업품을 파는 시장으로 매우 적합한 곳이다. 따라서 경제적인 관계도 밀접하고, 또 무역도 점점 발달하여 중국으로부터는 콩류, 철광 등을 수입하고, 우리나라에서는 면포, 설탕, 밀가루, 종이, 석탄 등을 수출하는데, 그 거래액도 많아서, 중국은 미국에 이어 우리나라 주요 거래국으로 되어 있다.

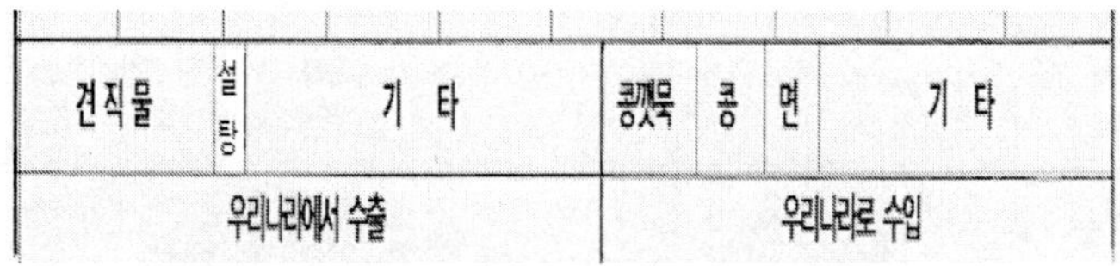

우리나라와 중국과의 주요 무역품의 무역액
총 무역액 약 11억 엔, 수출초과액 약 1억 엔(1928년)

4. 시베리아

위치·구역

시베리아는 러시아의 영지로 아시아대륙의 북부를 차지하며, 우리나라와도 일부분 국경을 접하고 있다. 그 면적은 우리나라의 19배나 되지만, 인구는 7분의 1에 지나지 않는다.

지형	지형은 대개 남부가 높고, 북부는 넓은 평야를 이루고 있기 때문에, 큰 강은 대개 남에서 북으로 흐르며, 북극해로 흘러들어간다. 다만 흑룡강만은 동쪽으로 흘러 마미야(間宮)해협으로 흘러들어가고 있다. 예니세이강 상류에 있는 바이칼호는 세계에서 가장 깊은 호수이다.
기후·산업	북부는 툰드라, 중부는 삼림지대로, 모두가 아직 잘 개발되어 있지 않다. 남부의 평지는 토지가 비옥하고 여름에는 기온이 비교적 높으므로, 밀의 경작이나 소, 양의 목축이 활발하다. 또 남부의 산지에는 금, 은 등의 광산물이 있다.  **툰드라(凍原)와 순록** 태평양방면의 근해는 세계에서도 이름난 큰 어장으로, 여름에는 우리나라에서 출어하는 사람도 대단히 많아, 연어, 송어, 대구, 게 등의 어획량이 많다. 또 연근해의 강에서는 연어와 송어가 많이 잡힌다.

	 우리나라 사람들의 어업
교통·도시	시베리아는 아직 토지가 잘 개발되어 있지 않아서 인구밀도도 낮고, 따라서 도시도 적다. 블라디보스토크는 일본해에 직면해 있는 항구로, 시베리아의 문호이다. 우리나라의 쓰루가항과의 사이에 정기항로가 개설되어 있다. 이 곳을 기점으로 하는 시베리아철도는 세계철도의 간선의 일부로서, 시베리아를 횡단하여 유럽대륙의 철도로 연결된다. 또 동중국철도에 의해 우리 남만주철도와도 연결되어 있다. 이르쿠츠크, 옴스크 등은 시베리아철도에 연접한 도시이다.  블라디보스토크 항구

우리나라 와의 관계

사할린(樺太) 유전

시베리아는 조선, 사할린(樺太)에 의해 우리나라와 국경을 접하고 있어, 접양지역으로서 중요하다. 또 조약에 의해 광산, 어업 등의 이권을 획득하고 있기 때문에 우리나라 사람이 살고 있는 곳도 많다. 근래 교통로가 개발됨에 따라서 상호간에 무역도 점차 활발해져 왔다.

5. 동남아시아

위치·구역

아시아대륙의 동남부에 위치하는 인도차이나반도 및 말레이제도를 동남아시아라 한다.

지형·기후

반도부에는 대륙으로부터 연결된 산지가 남북으로 뻗어 있고, 주요 강이 그 사이를 남쪽으로 흘러, 하류에는 비옥한 평야가 형성되어 있다. 도서(島嶼)부에는 보르네오섬, 수마트라섬 등을 비롯하여, 크고 작은 수많은 섬들이 있으며, 남부는 화산활동이 활발하다.

이 지방에는 적도가 통하고 있어서 연중 고온이며, 사계절 구별이 없고, 강우량도 많아서 식물도 무성하다.

산업·도시

이 지방은 쌀 생산액이 많고, 특히 반도부의 랑군, 방콕, 사이공 등은 유명한 쌀의 집산지로, 우리나라로 수출하는 액수도 적지 않다. 이 외에도 열대성 산물이 많아서 반도부와 도서부의 고무, 코프라, 마닐라 마(麻), 네델란드령 자바섬의 설탕 등은 모두 유명하다. 또한 광산물로서는 반도부의 주석과 철, 자바・수마트라섬의 석유 등이 유명한데, 이것들은 설탕, 쌀과 함께 대부분 우리나라로 수출된다.

마닐라 마(麻)

자 바

기타

우리나라에 수입되는 원당(粗糖),
총 수입액 약 7천만 엔(1928년)

이 지방은 태국을 제외하고 모두 프랑스, 영국, 네델란드, 미국 등의 영지이다. 방콕은 태국의 수도이고, 영국령 싱가포르는 세계교통의 요지로, 무역도 왕성하다.

필리핀군도(群島)는 미국의 영지로, 그 중심지 마닐라는 상공업도 발달하여, 마닐라마(麻)를 수출한다. 우리나라 사람이 살고 있는 곳도 많다.

일본인의 사업

우리나라와의 관계

동남아시아는 우리나라와 가까워서, 근래 우리나라 사람이 도항(渡航)하는 일이 점차 많아져, 각지에서 여러 가지 사업에 종사하고 있다. 또 우리나라와 항로(航路)도 잘 되어있어서, 기선이 마닐라, 싱가포르, 바타비아, 수라바야 등에 정기적으로 왕래하고 있기 때문에, 상호간의 무역도 점차 발달되어 왔다. 우리나라는 이 지방에서 쌀, 사탕, 석유 등을 수입하고, 면포 및 기타 공업품을 이 지방으로 수출한다.

6. 인도

위치·구역

인도는 아시아대륙의 남부에 돌출되어 있는 반도이다. 영국 영지 중에서 가장 중요한 곳으로, 면적은 우리나라의 약 5배, 인구는 약 4배이다.

산업·도시

농업은 고래로부터 인도의 중요한 산업으로, 주민의 대부분은 인도평야와 고원에서 농업에 종사하고 있다. 주된 농산물은 각각의 기후에 적합한 쌀, 밀, 면, 황마, 차 등이며, 그 생산액도 많아서, 우리나라는 다량의 면(綿)을 이 나라에서 구하고 있다. 소의 사육도 왕성하여 소가죽(牛皮)의 생산액도 많고, 또 철의 생산액도 많다.

공업은 아직 그다지 활발하지 않지만, 근래 캘커타나 봄베이에서 방적업과 면직물업이 차츰 발흥하고 있다.

캘커타 항구

캘커타와 봄베이는 인도 동서쪽의 문호로, 교통과 무역이 활발하다. 캘커타에서는 황마와 차(茶) 등이, 봄베이에서는 면과 밀 등의 수출이 많다. 실론섬의 콜롬보는 유럽과 아시아의 해상교통의 요로에 해당하며, 또한 차를 많이 수출한다.

무역은 영국 본국과의 사이에 가장 활발하며, 우리나라와도 점차로 많아지고 있다. 특히 우리나라의 기선은 정기적으로 전술한 여러 항구에 왕래하고 있어서, 인도에서는 면, 철 등을 수입하고, 우리나라에서는 면직물, 면사, 견직물 등을 수출한다.

미국 | 인도 | 이집트 | 중국 | 러시아 | 기타

세계의 면 생산액 비교
총 생산액 약 560만 톤(1928년)

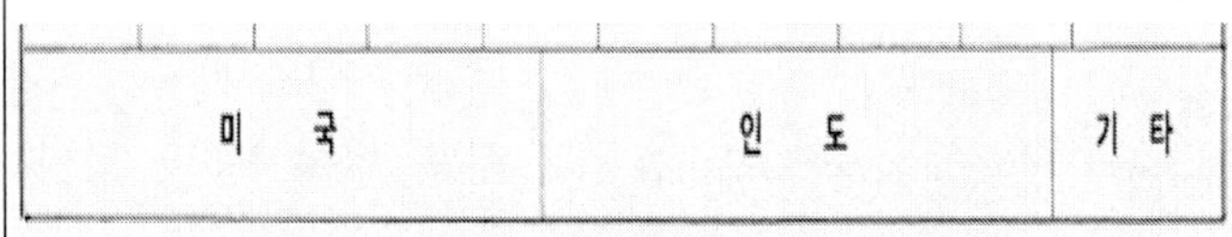

우리나라에 수입되는 면
총 수입액 약 5억 5천만 엔(약 58만 톤)(1928년)

7. 총론(2)

산업·교통 중국평야, 인도평야는 공히 예로부터 농업이 크게 발달하고, 인구가 매우 밀집되어 있어서, 아시아 주민의 약 10분의 7은 이 두 평야에서 살고 있다. 이 평야 다음으로 개발된 곳은 인도차이나반도의 여러 강 유역과 말레이제도이다. 시베리아의 평원, 중앙아시아의 평원 및 몽고고원 등은 주민이 적고 산업도 부진하다. 대개 농업과 목축업 위주이며, 공업은 아직 활발하지 않다.

철도의 발달은 구미(歐美)에 비하여 훨씬 뒤떨어져 있다. 단 인도, 자바, 중국에는 상당히 발달해 있고, 또 시베리아에는 유럽과 아시아를 연결하는 간선이 있다.

태평양 및 인도양은 세계 해상교통의 요로이며, 게다가 일본, 중국, 인도 등 산업이 개발된 곳이 이 방면에 있기 때문에, 선박의 교통이 활발하며, 연안에는 항구가 많다. 이들 항구에서는 모두 유럽대륙, 남북아메리카대륙, 대양주 등의 여러 항구로 항로가 통해 있어서, 우리나라 및 구미제국의 배가 끊임없이 이 사이를 왕래하고 있다. 요코하마(橫濱), 고베(神戶), 상해(上海), 홍콩(香港), 싱가포르, 콜롬보 등은 아시아주에 있어 해상교통 및 무역의 중심지이다.

제20 유럽주

위치·구역

유럽대륙은 아시아대륙의 북서쪽으로 이어지는 반도 형태의 대륙으로, 북쪽으로는 북극해, 서쪽으로는 대서양에 인접하며, 남쪽으로는 지중해를 사이에 두고 아프리카대륙과 마주하고 있다. 면적은 아시아대륙의 4분의 1도 채 안되지만, 인구는 약 2분의 1로, 인구밀도는 모든 대륙 중에서 가장 높다.

유럽대륙은 러시아, 독일, 프랑스, 영국, 이탈리아 등 크고 작은 30여 개 나라로 나뉘어져 있다. 영국, 프랑스, 이탈리아는 모두 다 세계의 주요국으로, 다른 대륙에 넓은 영지를 소유하고 있다.

알프스산맥의 높은 봉우리

지형	본 대륙의 남부 및 서남부에는 알프스산맥을 비롯한 수많은 산맥이 있어서 평지가 적으며, 또한 북부 스칸디나비아반도에도 평지가 적다. 그러나 그 밖의 부분은 대개 넓은 평지로, 특히 동부의 러시아에서 중부의 독일에 걸친 평지는 가장 광대하다. 라인강, 다뉴브강, 세느강, 템즈강 등을 비롯한 대부분의 강은 대체로 흐름이 완만하다.
기후	유럽대륙은 대서양 근해를 흐르는 멕시코만류(灣流)라 칭하는 난류의 영향을 받기 때문에, 아시아대륙이나 북아메리카대륙 등, 같은 위도에 있는 지역에 비하면 기후가 훨씬 온난하다. 더욱이 대서양방면에서 습기를 가져오기 때문에 강우량이 많다. 따라서 본 대륙에는 사막이 없다.
농업	농업은 널리 행해지고 있고, 동부에서 중부에 걸쳐서는 맥류(麥類)와 마(麻)를, 중부에서는 사탕무와 감자 등이 많이 수확된다.  **사탕무밭과 사탕무**

러시아와 폴란드에서는 마직물을, 폴란드, 독일, 프랑스에서는 사탕무에서 설탕제조가 대단히 왕성하다. 또 지중해 방면에서는 포도, 올리브, 레몬 등의 재배가 활발하다. 프랑스와 이탈리아에서는 포도주가 다량 제조된다.

프랑스의 포도밭

올리브 수확

목축업	목축은 널리 각지에서 행해지는데, 양, 소, 말 등의 사육이 왕성하다. 그중에서도 러시아에는 남동부에 넓은 초원이 있어서 목축이 특히 활발하여, 피혁류의 제조업도 발달해 있다. 네델란드와 덴마크에서는 젖소의 사육이 활발하여, 버터나 치즈가 제조되어 외국으로도 수출된다. 또 지중해방면으로는 양과 산양의 사육이 활발하다.  **알프스산의 목축**
임업	중부에서부터 북쪽의 여러 나라에는 삼림이 많은데, 특히 러시아, 스웨덴, 핀란드, 독일 등에는 넓은 삼림이 있어서 목재의 생산액이 많다. 또 스웨덴, 노르웨이에서는 목재에서 활발하게 펄프를 제조한다. 이 펄프는 우리나라에도 수입된다.
수산업	유럽대륙의 서쪽 해안은 수산업이 매우 왕성하다. 그중에도 노르웨이 근해와 북해는 세계 굴지의 큰 어장으로, 노르웨이 근해의 대구와 청어, 북해의 청어는 그 어획고가 매우 높다.

광업·공업

중부에서 서부에 걸쳐서는 철광과 석탄이 풍부하다. 특히 영국과 독일에서는 석탄, 프랑스와 영국 및 독일에서는 철광의 생산액이 많아, 모두 다 세계적으로 주된 생산지를 이루고 있다.

세계의 선철(銑鐵, 무쇠) 생산액 비교
총 생산액 약 8천 8백만 톤(1928년)

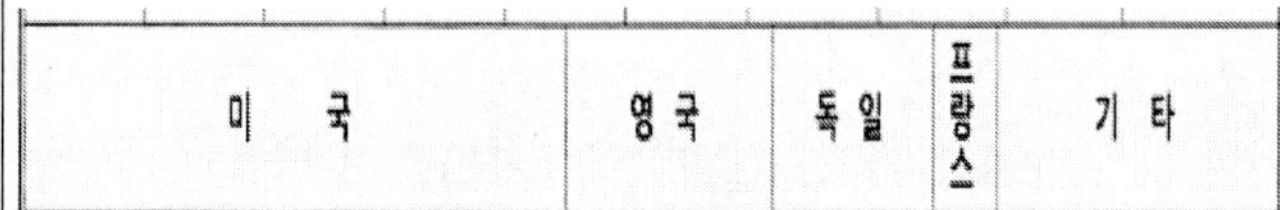

세계의 석탄 생산액 비교
총 생산액 약 30억 톤(1928년)

중부유럽의 주요 석탄·철광 산지

그리고 대체로 철과 석탄 생산지가 근접해 있어서, 이들 여러 나라에서는 제철, 기계의 제조가 매우 활발하다. 또한 다른 대륙에서 수입한 원료를 이용하여 여러 가지 공업제품도 제조한다. 그 가운데 면사, 면직물, 모직물, 선박, 약품, 기계 등은 그 생산이 대단히 많아, 널리 각국으로 수출된다. 이 외에 벨기에나 네덜란드에도 각종 공업이 발달하고 있다.

교통·무역

본 대륙은 산업의 진보와 함께 교통편도 크게 개발되어 도처에 철도가 부설되어 있다. 그 중에서도 벨기에, 스위스, 영국, 독일 등 여러 나라에서는 철도가 대단히 발달되어 있다.

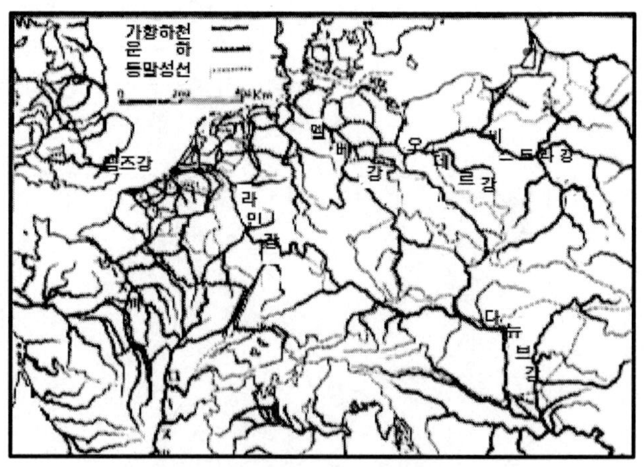

중부유럽의 운항 가능한 하천 및 운하

철도의 간선은 런던, 파리, 베를린, 모스크바 등을 중심으로 사방으로 통해 있다. 러시아를 지나는 간선은 시베리아철도의 간선과 접속되어 있다.

강은 지형상 대체로 운송 편의가 좋고, 게다가 운하에 의해 상호 연결되어 있는 곳이 많다. 흑해방면과 발틱해나 북해방면이 강에 의해 항로가 서로 통해 있다.

또 최근 항공사업이 발달하여, 주요 도시 사이에는 정기항공로가 개설되어 있다.

유럽대륙은 해안선의 드나듦이 많고, 또 강 하류는 큰 배가 통할 수 있으므로, 해안에도 강변에도 곳곳에 좋은 항구가 있어서 수상교통은 매우 편리하다. 영국의 런던과 리버풀, 독일의 함부르크, 프랑스의 마르세이유는 모두 세계적으로 유명한 항구로, 세계각지의 여러 항구와도 항로가 서로 통하여, 선박의 출입이 대단히 많다. 특히 대서양에서의 선박 교통은 가장 활발하다.

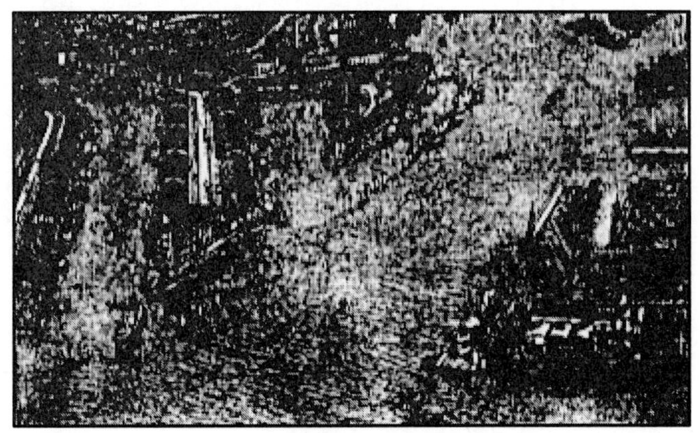

함부르크 항

	수상교통의 발달, 조선업의 진보와 함께 유럽대륙 여러 나라의 선박은 점점 그 수가 증가하여, 영국, 프랑스, 이탈리아, 독일, 노르웨이는 모두 다 세계의 해운업에 있어 우세한 지위를 차지하고 있다. 그 중에도 영국은 세계에서 가장 해운업이 왕성한 나라로, 세계무역의 중심을 이루고 있다.
러시아	러시아(소비에트연방)는 대체로 평지로, 큰 강이 많아 수운(水運), 관개(灌漑)가 모두 편리하지만, 북쪽 대부분의 지역은 추위가 극심하기 때문에, 산업이 발달되어 있지 않다. 그러나 남부는 비교적 온난하여, 농업이나 목축이 매우 활발하다. 특히 밀의 생산액이 많다.  **러시아의 농장** 러시아는 본국의 면적이 넓을 뿐만 아니라, 아시아대륙에 드넓은 영지를 소유하고 있어, 영국 다음으로 큰 나라이다. 수도 모스크바는 육상교통의 요지이다.

	 **모스크바 시가지**
독일	독일은 원래 해외에 넓은 영지를 소유하고 있던 대국으로, 상업, 광업, 공업, 해운업 등이 매우 활발했었는데, 제1차 세계대전 결과, 본국의 일부와 해외 영지의 전부를 다른 여러 나라에 양도하여, 많은 철광산지와 탄전을 잃었고, 또 수많은 대형선박을 다른 여러 나라에 넘겨주었던 까닭에, 국력이 일시적으로 크게 쇠퇴하였지만, 국민이 부흥에 노력하여서, 지금은 각종 산업이 다시 번창해가고 있다.  **베를린 시가지**

	또한 이 나라는 학술연구 및 그 응용이 활발하고, 특히 화학공업이 가장 발달되어 있다. 수도 베를린은 인구가 약 400만, 유럽대륙의 육상교통의 요지로, 상공업도 활발한 곳이다.
프랑스	프랑스는 해외에 넓은 영지를 소유하고 있어, 본국과 그 영지를 합하면, 면적의 크기로는 세계에서 영국, 러시아에 이어 제 3위이다. 기후는 대체로 온화하며, 남부의 지중해 연안지방은 특히 온난하다. 기후가 좋고, 토질이 비옥한 경작지가 많아서, 농업이 왕성하며, 밀, 포도 등의 생산이 많아 포도주의 제조가 활발하다. 또 석탄, 철의 생산이 많아서 공업도 발달해 있다. 그 중에서도 견직물은 유명한데, 그 원료는 주로 우리나라와 중국으로부터 수입된 것이다. 수도 파리는 인구가 약 300만으로, 미술과 공예가 왕성한 도시이다.  **파리 시가지**

영국	영국 본국은 우리나라보다 작은 섬나라이지만, 해외 곳곳에 영지가 있어서, 세계에 비할 데 없는 넓은 영지와 많은 인구를 소유하고 있다. 그 면적과 인구는 공히 세계의 4분의 1을 넘고 있다. 이 나라에는 다량의 석탄이 산출되기 때문에, 그 영지나 여러 외국에서 각종 원료품을 수입하고, 이를 가공하는 공업이 매우 왕성하다. 그 중에서도 면과 양모의 방적업이나 직물업이 왕성하기로는 세계적으로 비교할만한 곳이 없다. 또 철광의 산출도 많아서 제철업도 잘 발달되어 있다. 이들의 공업제품은 대부분 여러 외국으로 수출된다. 따라서 무역업이 본국과 영지와의 사이에 활발할 뿐만 아니라, 여러 외국과의 사이에도 대단히 왕성하다. 이렇게 영국에서는 광업, 공업, 상업 및 해운업이 더불어 발달되어 있기 때문에, 이 나라가 오늘날의 부강을 이룬 것은 결코 우연이 아니다.  **버밍엄**

	수도 런던은 템즈강 하류에 임해 있으며, 인근 위성도시를 합하면, 인구가 약 780만으로, 세계 제일의 대도시이다. 또한 런던은 리버풀과 함께, 세계 각국의 선박 출입이 매우 빈번한 곳으로, 세계적으로 큰 무역항이다. 버밍엄과 맨체스터는 공히 공업의 대중심지이다.  런던 시가지
이탈리아	이탈리아는 우리나라처럼 산지가 많고, 화산활동이 활발하여 지진도 많다. 강은 교통으로는 그다지 이용되지 않지만, 발전(發電)에는 크게 이용되고, 그 전력은 국내의 석탄 산출이 적어서, 주로 공업의 동력으로 이용된다. 북부 포우강의 평지는 농업이 발달하고, 공업도 활발하다. 또 이 나라는 지중해 교통의 요로에 해당하기 때문에 해운업, 무역업도 근래에 크게 발달되어 왔다. 수도 로마는 예로부터 유명한 곳이며, 나폴리항은 경치가 좋은 항구이다.

	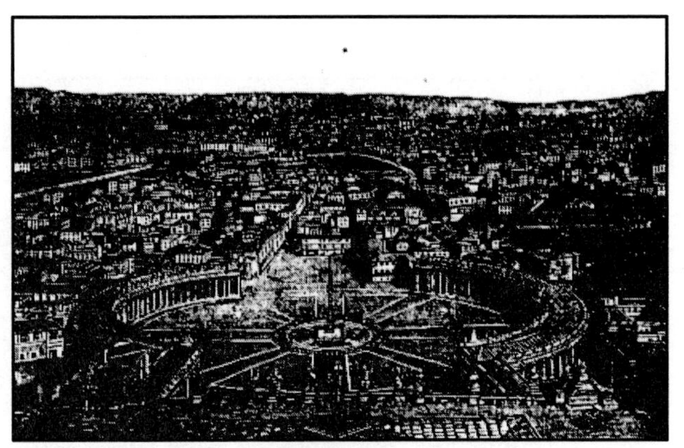 로마 시가지 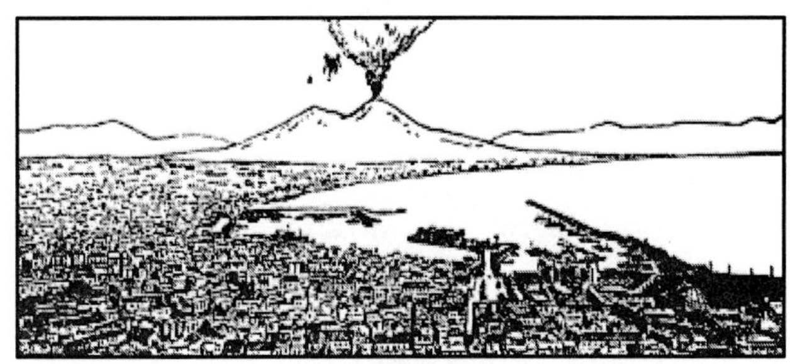 나폴리 항
기타	네덜란드, 벨기에는 그 본국만으로는 둘 다 우리나라보다 훨씬 작지만, 모두 다 해외에 넓은 영지를 소유하고 있다. 네덜란드는 농업과 목축이 왕성한 곳이며, 벨기에는 공업이 발달한 곳이다. 또 이들 두 나라는 우리나라와 영국과 함께 인구밀도가 세계에서 가장 높은 나라이다. 덴마크는 농업과 목축으로 유명하고, 스웨덴과

네덜란드 풍경

노르웨이는 스칸디나비아반도에 있다. 폴란드와 핀란드 등은 제1차 세계대전 결과 새롭게 독립한 나라들이다. 스위스는 알프스 산에 있는 작은 나라이지만, 수력을 이용한 각종 공업이 발달되어 있다. 또 산수(山水) 풍경이 아름다워서, 세계적인 유람지(遊覽地)로 알려져, 등산 설비 등도 용의주도하게 갖추어져 있다. 그런 까닭에 여러 외국에서 관광하러 오는 사람이 대단히 많다.

알프스산의 케이블카

우리나라와의 관계	유럽 여러 나라 가운데, 우리나라와 조약을 맺고 있는 나라는 20여 개국이나 된다. 그 가운데 영국, 프랑스, 이탈리아, 독일, 러시아, 벨기에 등의 나라에는 대사관을 두고, 그 밖의 조약국에는 대개 공사관을 두고 있다. 우리나라와 유럽 여러 나라와의 교통은 대단히 편리하여, 이탈리아, 프랑스, 영국, 벨기에, 네델란드, 독일의 주된 항구에는 우리 유럽(歐洲)항로가 통하고 있어, 무역도 날로 왕성해지고 있다. 특히 영국, 프랑스, 독일은 우리나라의 주요 무역국인데, 우리나라에서는 주로 생사와 견직물을 수출한다. 생사는 프랑스로, 견직물은 영국과 프랑스로 수출하는 것이 많다. 우리나라로 수입되는 것은 영국과 독일에서 모직물, 철, 기계, 인조비료가 주된 품목이다.

제21 일본과 세계

6대주

6대주 가운데, 아시아대륙과 유럽대륙은 일찍부터 개화되어, 세계의 문명국은 대부분 이곳에서 발흥하였다. 따라서 이 두 대륙은 인구가 많아, 세계인구의 약 5분의 4는 이곳에 살고 있다. 현재 국력이 가장 왕성한 나라는 아시아주에서는 우리나라, 유럽주에서는 영국, 프랑스, 이탈리

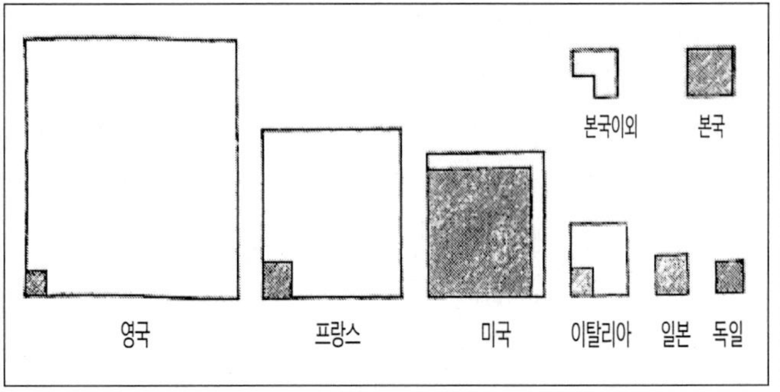

주요국의 면적

아, 독일 등이다.

남북아메리카대륙은 신대륙이라 불리고 있으며, 개척이 시작되고 아직 수백 년 지난 것에 불과하지만, 대체로 기후가 온화한데다, 천연자원도 많아서, 유럽과 아시아 각지에서 이곳으로 이주하는 사람이 증가함에 따라, 그 개발이 현저하게 진보하였다. 특히 북아메리카주의 미국은 국력이 왕성하다.

아프리카주, 대양주는 거의 그 전부가 영국, 프랑스 및 미국 등의 영지로 되어 있다.

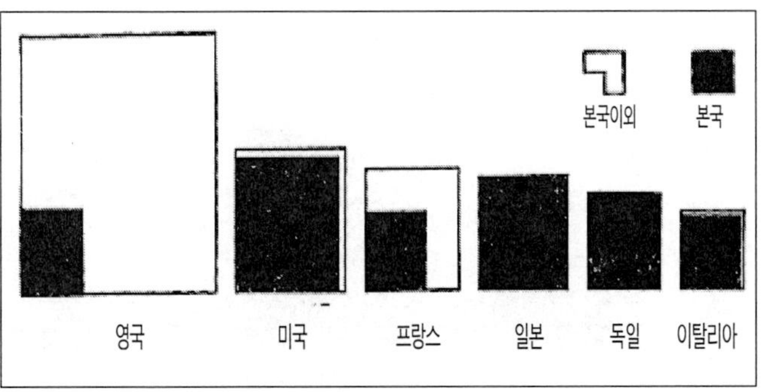

주요국의 인구

3대양

3대양, 즉 태평양, 대서양, 인도양 가운데, 대서양은 유럽과 남북아메리카의 해상교통의 요로로서, 세계 상선의 절반 이상은 대서양을 왕래하고 있다.

인도양은 유럽대륙과 아시아대륙을 연결하는 해상교통의 요로이다. 특히 수에즈운하가 개통되고 나서, 이 두 대륙 사이의 항로가 크게 단축되어, 선박의 왕래가 날로 빈번해져 왔다.

태평양은 3대양 중에서 가장 큰 바다로, 아시아와 대양주, 남북아메리카를 연락하는 해상교통의 요로이다. 그런 까닭에 우리나라를 비롯하여 연안의 여러 나라가 발달함에 따라, 항로도 현저하게 발달하였다. 더욱이 파나마운하가 개통되어 대서양과의 연결이 용이해졌기에,

태평양을 항행하는 선박의 수도 크게 증가하여, 태평양은 세계교통에서 한층 더 중요한 곳이 되었다.

대서양 항로의 큰 기선

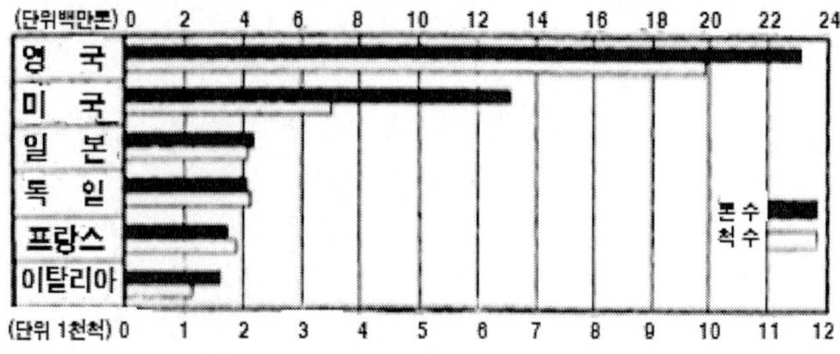

주요국의 기선(100톤 이상)의 기선수와 톤수

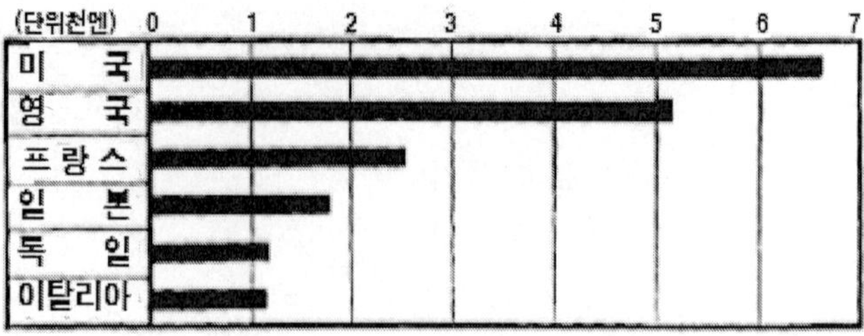

주요국의 1인당 국부(國富) (1928년)

우리나라

우리나라는 아시아대륙의 동부, 태평양의 북서부에 위치하고 있어, 세계교통의 요로에 해당하며, 국운(國運)이 크게 진보하여, 바야흐로 세계 주요국의 하나가 되었다. 우리나라는 세계 30여 개국과 조약을 맺고 있는데, 영국, 이탈리아, 독일, 미국을 비롯한 주요국에는 대사관을 두고, 그 밖의 나라에는 대개 공사관을 두고 있다. 그리하여 상호간에 기선이 왕래하고, 통신은 신속하게 교환되며, 교통과 무역은 해를 거듭할수록 점점 발달하고 있다.

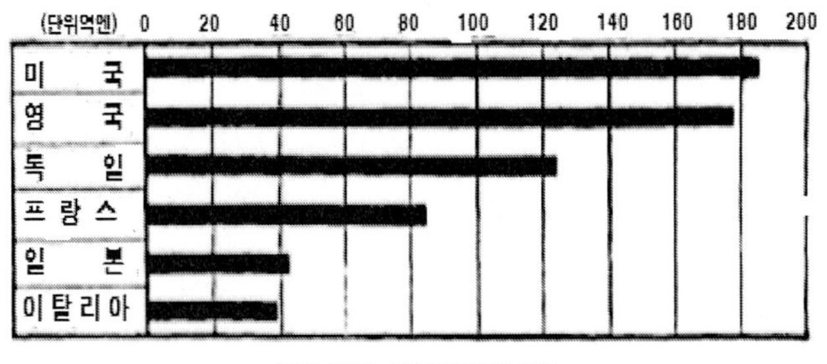

주요국의 무역액(1928년)

이제 우리나라는 세계 해운 및 무역에 있어서 대단한 세력을 차지하여 국력이 대단히 강해졌다. 무역에서는 수입액이 수출액을 초과하고 있다. 그러므로 국민은 더 한층 노력해야 할 필요가 있다.

	제22 지구의 표면
지구의 크기	지구는 모양이 공(球) 같으며, 그 직경은 약 12,700킬로미터인데, 동서의 직경은 남북의 직경보다도 약 43킬로미터가 길다.
육지와 해양	지구의 표면은 높낮이가 일정하지 않아, 높은 곳은 육지가 되고, 낮은 곳은 해양을 이루고 있다. 육지면적과 해양면적의 비율은 3대 7이다.
	해양은 태평양, 대서양, 인도양 3대양으로 나뉘며, 육지는 아시아주, 유럽주, 아프리카주, 북아메리카주, 남아메리카주, 대양주 등 6대주로 나뉘어져있다. 육지의 대부분은 북반구에 있다.
경선·위선	지구의 남북직경을 지축이라 하며, 그 북단을 북극, 남단을 남극이라고 한다. 지구의 표면에서 남북 양극을 연결시키는 반원주를 가상하여, 이것을 경선(經線) 또는 자오선(子午線)이라 하며, 극(極)에서 등거리 지점을 연결하는 선을 가상하여, 이것을 위선(緯線)이라고 한다. 위선 가운데 양극으로부터 등거리에 있는 선을 적도라 부른다.
경도·위도	경선은 영국의 그리니치천문대를 통하는 것을 가상하여, 이것을 0도로 하고, 이것을 근간으로 하여 동쪽의 것은 '동경 몇도', 서쪽의 것은 '서경 몇도'라 셈하며, 각

각 180도에서 끝난다. 이 180도의 경선(經線)은 동경(東經)도 서경(西經)도 동일한 하나의 선이다.

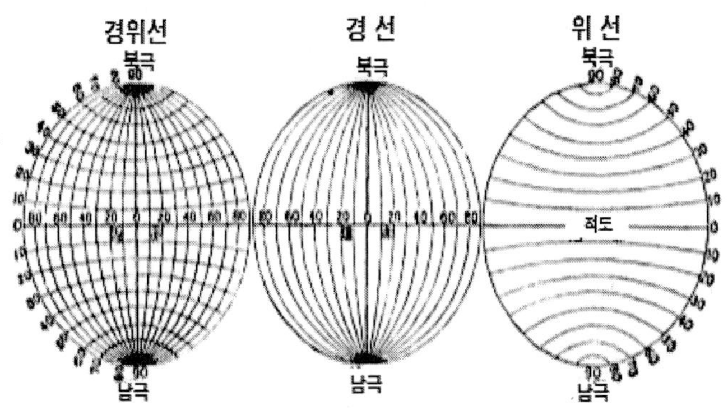

위선(緯線)은 적도(赤道)를 0도로 하고, 이것을 근간으로 하여, 북쪽의 것은 '북위 몇도', 남쪽의 것은 '남위 몇도'라 셈하며, 각각 90도 끝난다. 북위(北緯) 90도는 북극, 남위(南緯) 90도는 남극이며, 둘 다 점(點)이다.

경도(輕度)도 위도(緯度)도 1도(度)는 60분(分), 1분은 60초(秒)로 나뉜다.

지점 정하는 법

경선(經線)은 남북의 선(線)이고, 위선(緯線)은 동서의 선이기 때문에, 지구표면의 모든 지점은 이 두 선에 의해 명확하게 가리킬 수가 있다. 예를 들면, 도쿄천문대는 동경(東經) 139도 44분 41초의 선과, 북위(北緯) 35도 39분 16초의 선이 교차하는 곳에 있다고 하면, 그 장소를 보다 명확하게 알 수 있게 된다.

지도

지도를 만드는 데는 경선(經線)과 위선(緯線)을 기본으로 하고, 실제의 크기를 축소하여 그리는 것인데, 지구의 표면은 공의 표면처럼 되어있어서, 실제의 모양 그대로 평평한 지면에 그려내기는 어렵다. 그러므로 방향, 거리, 면적 등 가운데 무엇을 가장 실지(實地)에 가깝게 그릴 것인가? 그 목적 여하에 따라 경선과 위선의 표현 방법이 다르다. 따라서 도면상으로는 방향과 거리와 면적 등의 표현방법이 실제와 다를 수가 있다.

지도에서는 산, 강, 도시 등 지표(地表)의 사물은 모두 바로 위에서 내려다보는 모습으로 그리는 것이 보통이다. 또 지도의 종류에 따라서는 기호로서 각각의 사물을 표시하고 있다.

주야·사계

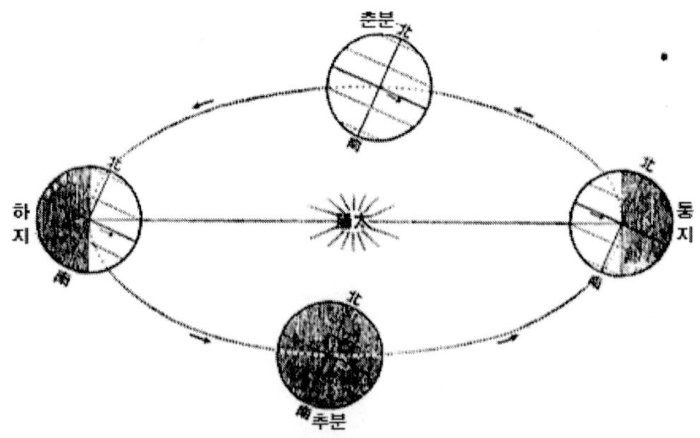

낮과 밤, 사계절을 나타내는 방법

지구는 위 그림에서 보여주고 있듯이 기울여져 있고, 지축을 축으로 하여 서쪽에서 동쪽으로 회전하면서, 대체로 정해진 길을 지나, 태양의 주위를 서쪽에서 동쪽으로 돌고 있다. 지구가 지축을 축으로 1회전하는 데는 하루를 필요로 하고, 태양의 주위를 한 바퀴 도는 데는 1년을 필요로 한다. 이 1회전에 의해 낮과 밤의 구별이 생기고, 한 바퀴 도는 것에 의해 4계절의 구별이 발생한다.

경도의 차에 의한 시간 차이

지구는 대략 24시간에 1회전을 하기 때문에, 지표의 지점은 이 사이에 360도를 회전한다. 따라서 1시간에는 15도를 돌아가는 비율이 된다. 그러므로 경도(經度) 15도 거리를 둔 '갑'의 지점과 '을'의 지점 사이에는, 시간적으로 1시간의 차가 생긴다.

도쿄(東京)는 동경 약 139도에 있어서, 그리니치천문대에 비하면 약 9시간 빠르다. 즉 도쿄의 오전 9시는 그리니치의 오전 0시 무렵이다.

우리나라의 표준시

우리나라에서는 타이완지방 등을 제하고, 대체로 동경 135도 경선의 시(時)를 중앙표준시로 정하여 이를 사용하며, 또 타이완지방

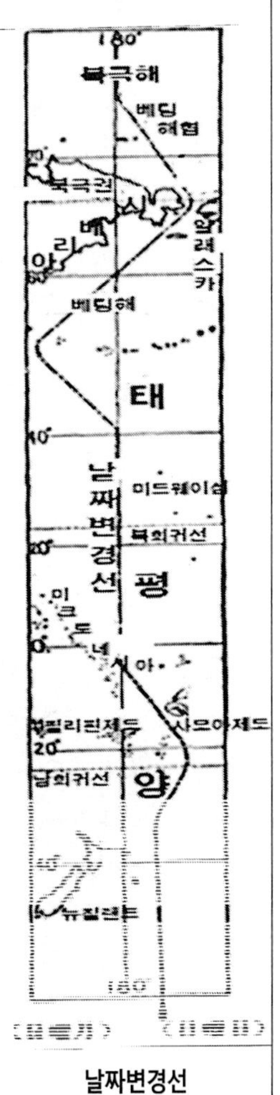

날짜변경선

	등은 동경 120도 경선 시(時)를 사용하게 되어 있다.
날짜변경선	이렇듯 경도 15도 차이로 1시간의 시차가 발생하기 때문에, 곳에 따라서는 24시간, 즉 하루의 차이가 나타난다. 따라서 같은 지구표면에서 날짜가 1일 다르기 때문에 대개의 나라는 약정하여, 대개 180도 경선을 경계로 서쪽에서 동쪽으로 이를 넘을 때에는 전날로 하고, 동쪽에서 서쪽으로 넘었을 때에는 다음날로 하여, 날짜를 셈하도록 하고 있다. 이 경계가 되는 선을 날짜변경선(日附變更線)이라고 한다.
적도이북과 이남의 계절의 차이	계절은 적도의 북쪽과 남쪽이 반대로 되어 있다. 예를 들면, 우리나라의 여름은 오스트레일리아의 겨울이고, 오스트레일리아의 여름은 우리나라의 겨울이다.
기후대	적도부근은 열대라 하며, 양극부근은 한대(寒帶)라 한다. 열대는 북위 23.5도와 남위 23.5도 사이이며, 적도에서부터 북쪽을 북열대라 하고, 남쪽을 남열대라 한다. 한대(寒帶)는 북극과 북위(北緯) 66.5도 사이, 남극과 남위(南緯) 66.5도 사이로, 북쪽을 북한대(北寒帶)라 하고, 남쪽을 남한대(南寒帶)라 한다.
	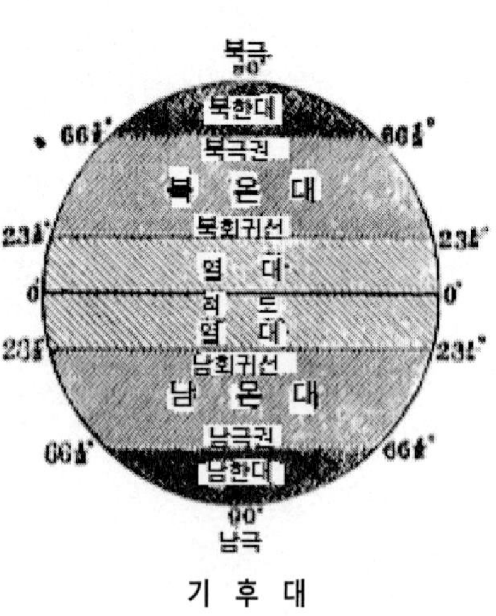 기 후 대

열대와 한대(寒帶) 사이는 온대이며, 북반구의 온대는 북온대(北溫帶), 남반구의 온대는 남온대(南溫帶)라고 한다.

열대지방은 태양이 바로 위에서 비추어, 대체로 기온이 높고 덥다. 한대지방은 태양의 빛을 훨씬 비스듬하게 받아, 대체로 기온이 낮고 한기가 강하다. 그러나 기온은 수륙의 분포나 해류 등의 영향에 따라 크게 변화하기 때문에, 동일한 위도에 있는 곳이라도 크게 다를 수가 있다. 온대지방은 대체로 기후가 온화하여, 인류의 생활에 적합하다.

초등지리서 권2 끝

昭和八年四月十二日翻刻印刷
昭和八年四月十五日翻刻發行

初等地理二

定價金二十錢

著作權所有

著作兼發行者　朝鮮總督府

京城府元町三丁目一番地
翻刻發行兼印刷者　朝鮮書籍印刷株式會社
代表者　井上主計

京城府元町三丁目一番地
發行所　朝鮮書籍印刷株式會社

朝鮮總督府 編纂(1934)

『初等地理書附圖』

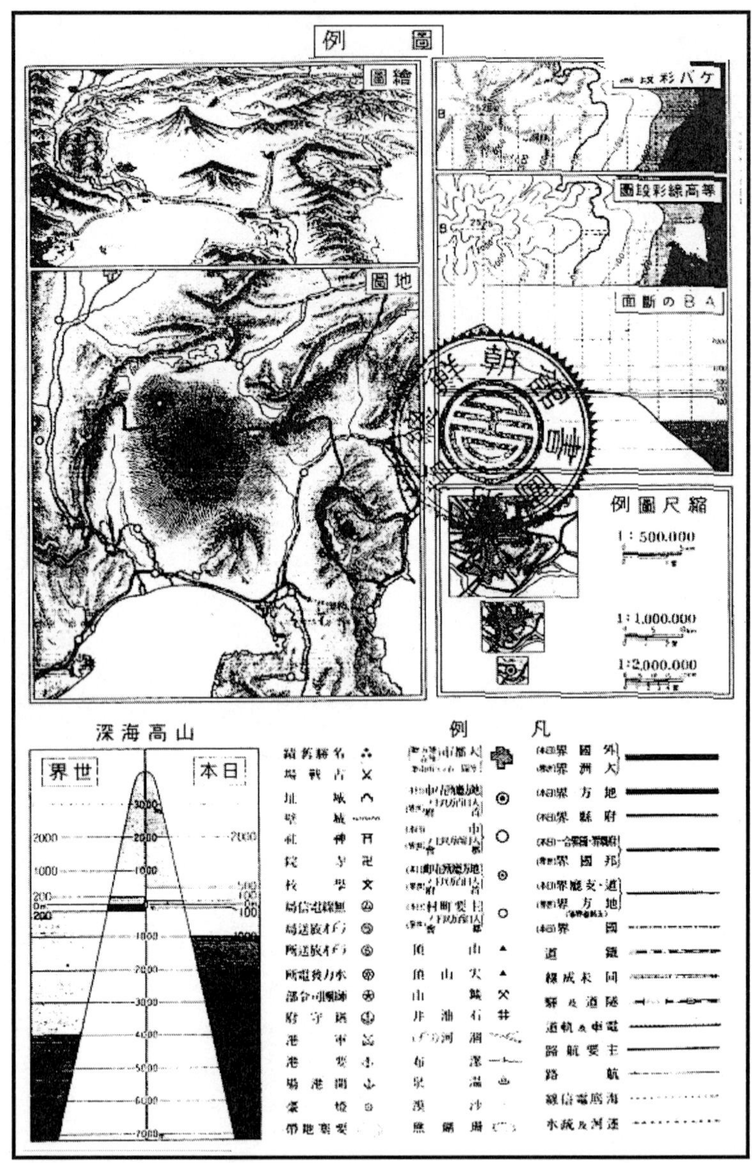
圖例
繪圖
ケバ彩段
等高線彩段圖
地圖
AB の斷面
縮尺圖例
1:500.000
1:1.000.000
1:2,000.000
山高海深
世界
日本
凡例

1

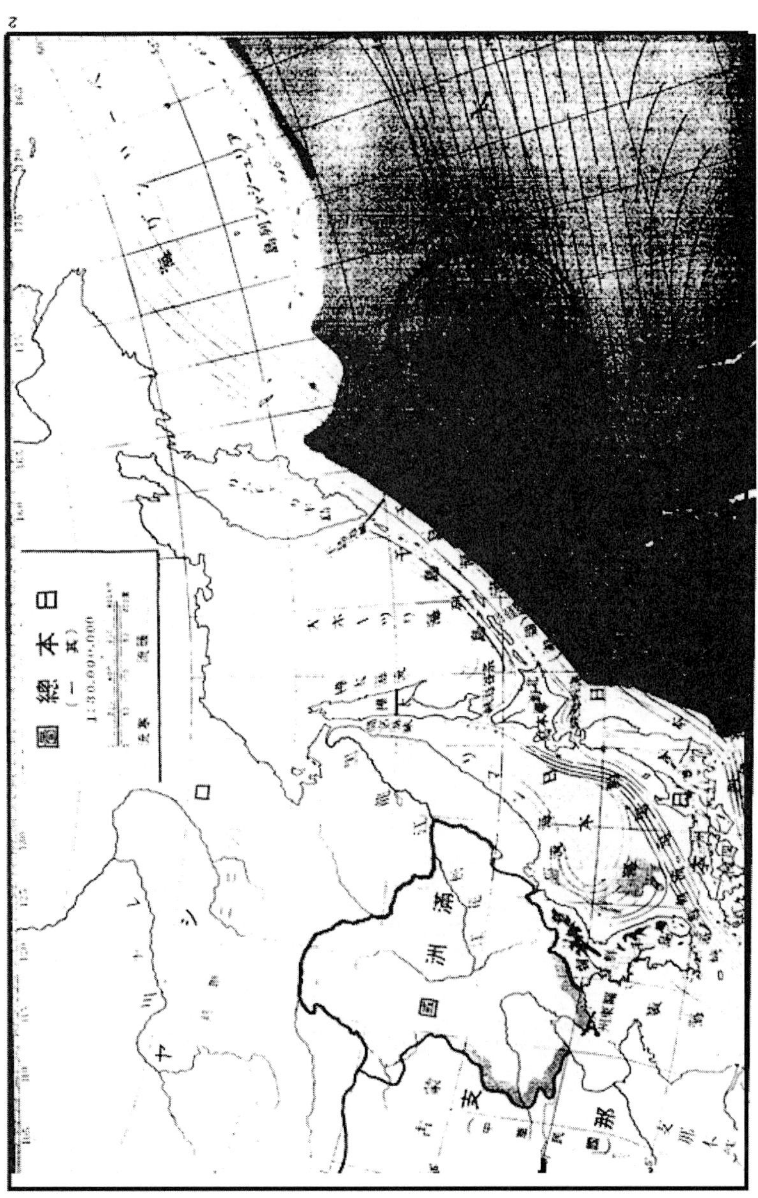
日本總圖
（其一）
1:30,000,000

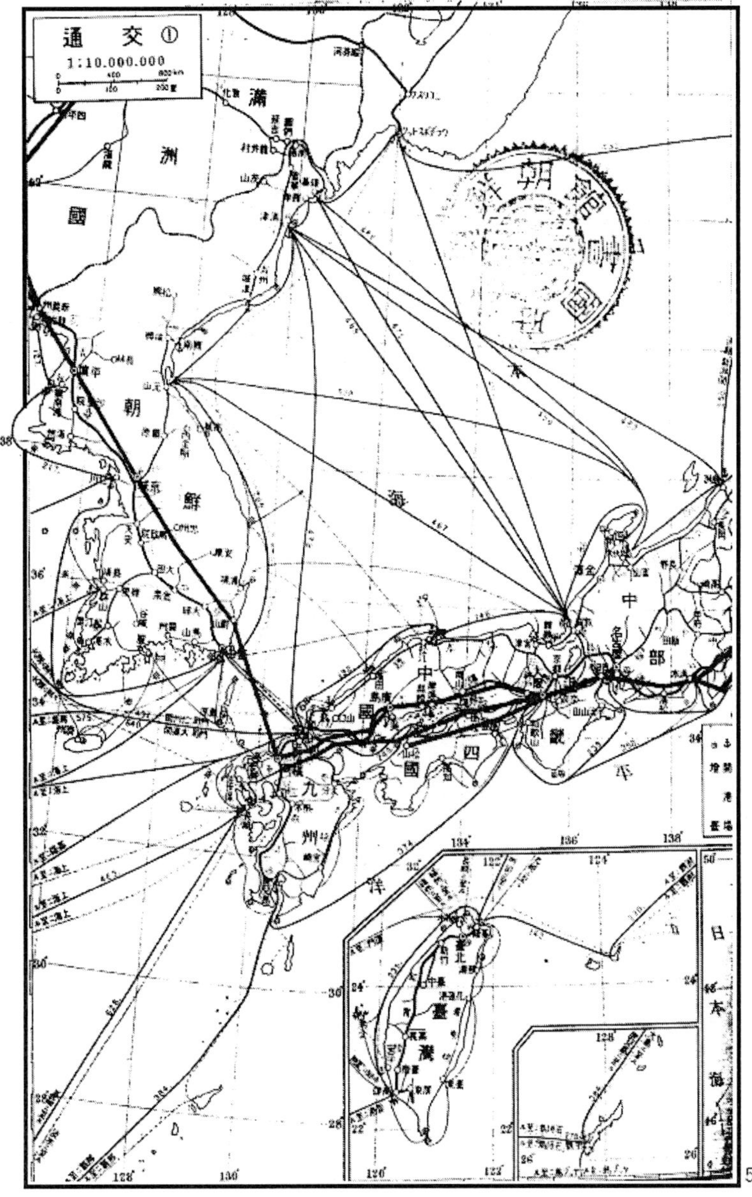
通 交 ①
1:10.000.000
滿
洲
國
朝
鮮
中
部
中
國
四
國
九
州
臺
灣
日
本
海

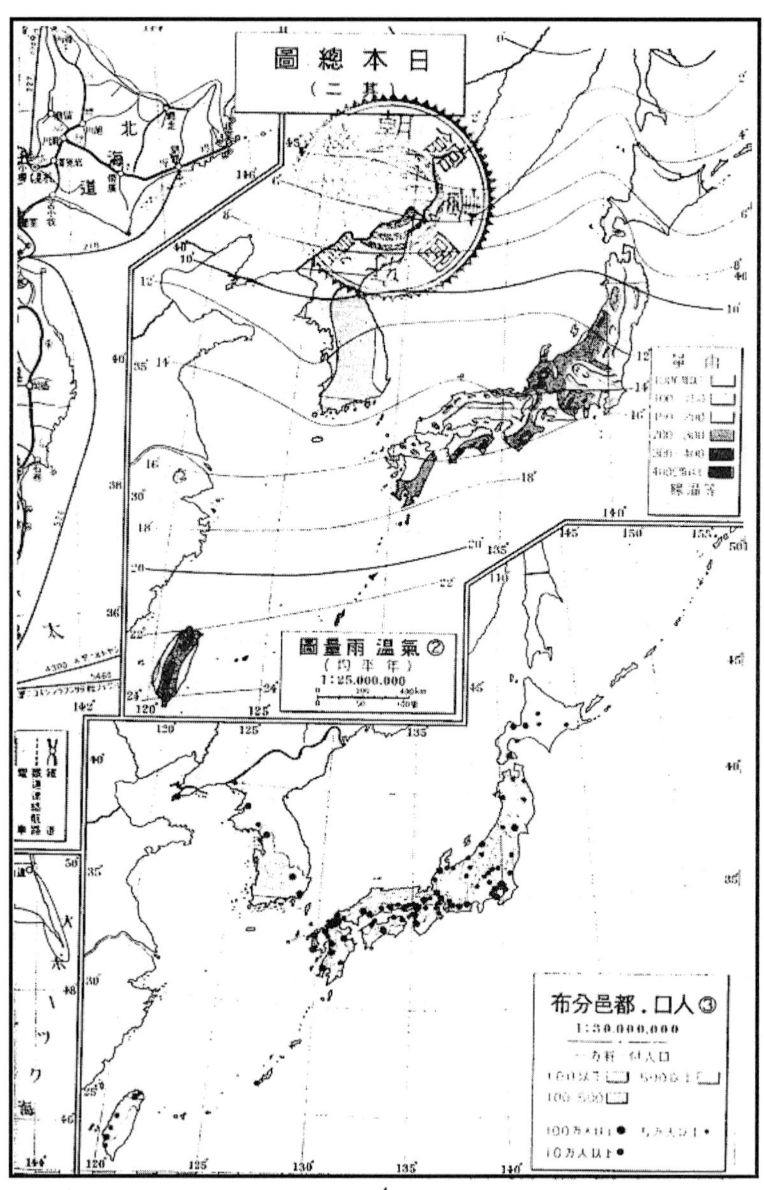

4

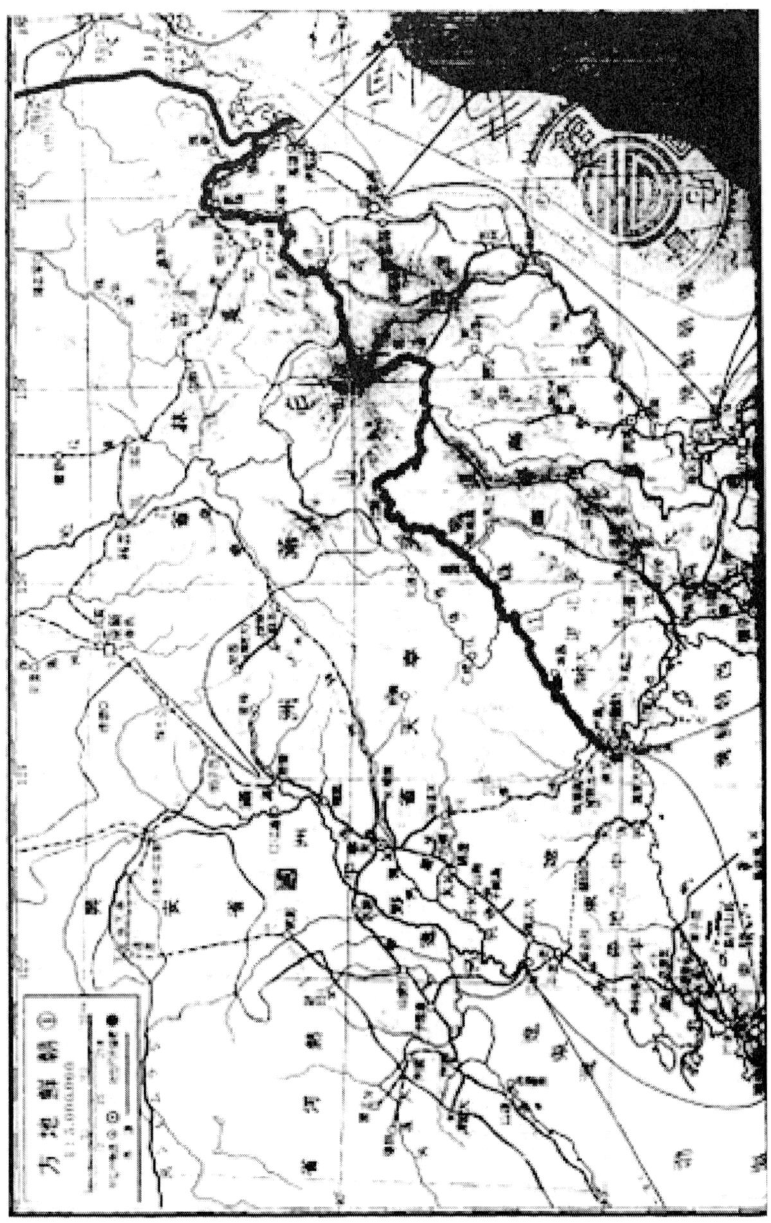

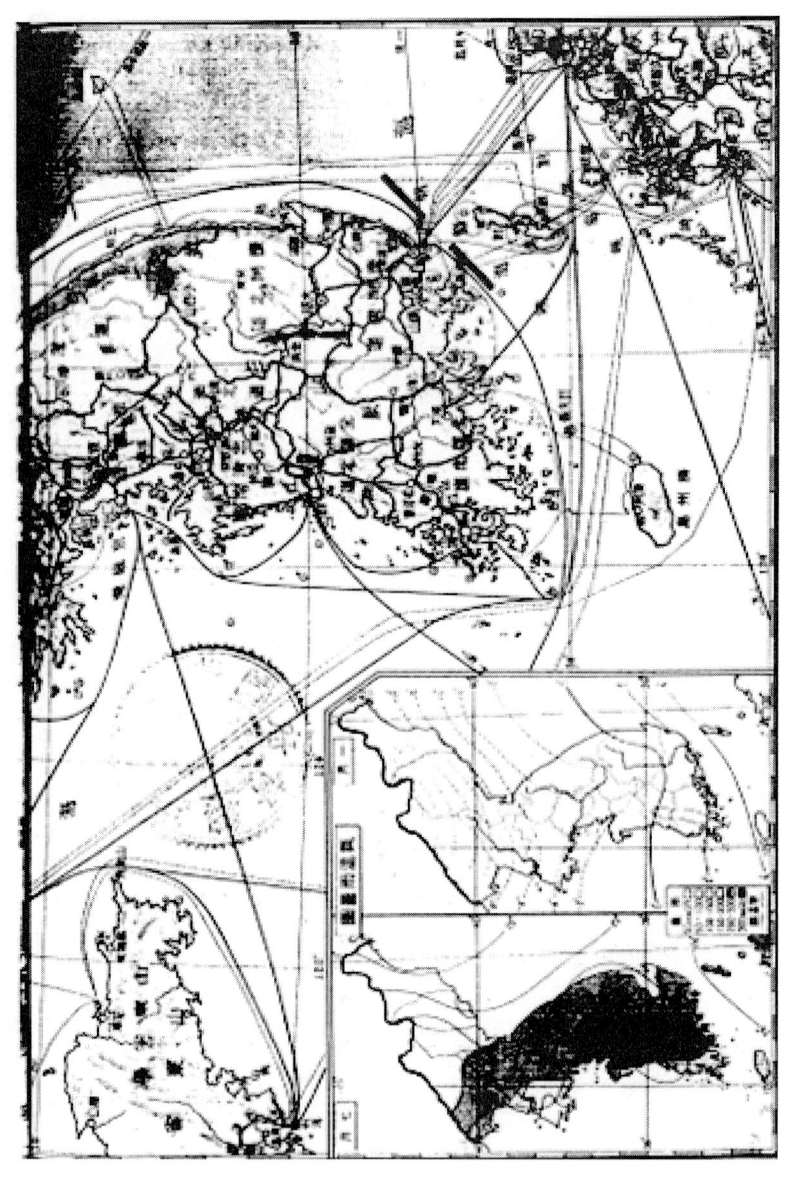

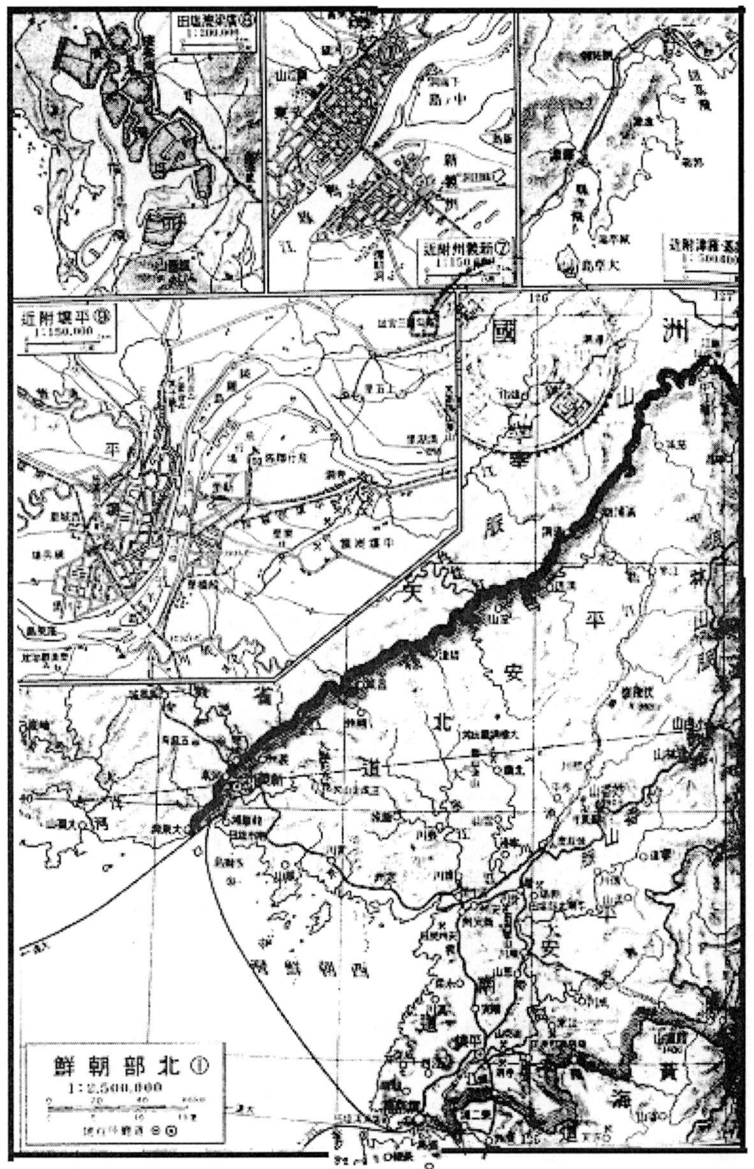
北部朝鮮 ①
1:2,500,000
平壤附近
新義州附近 ⑦

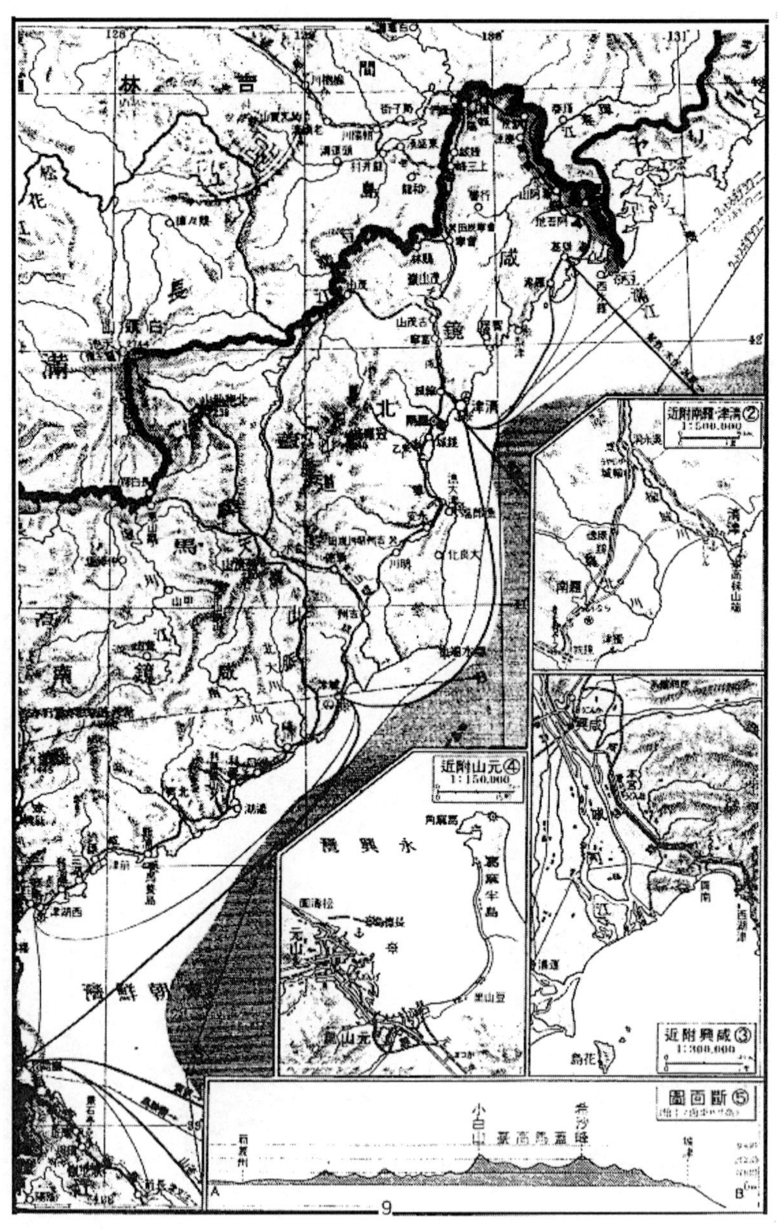
近附南羅・津淸②
近附興咸③
近附山元④
1:150,000
圖面斷⑤
9

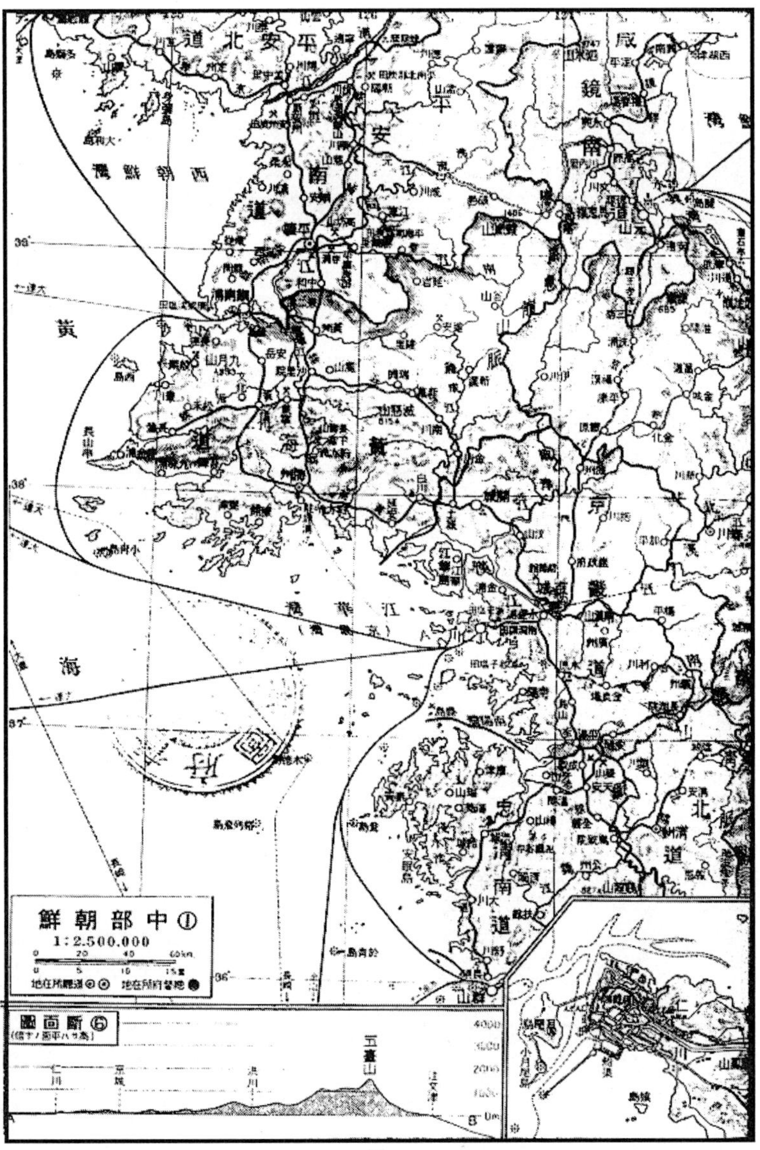
中部朝鮮 ①
1:2.500.000
⑥ 斷面圖
五臺山

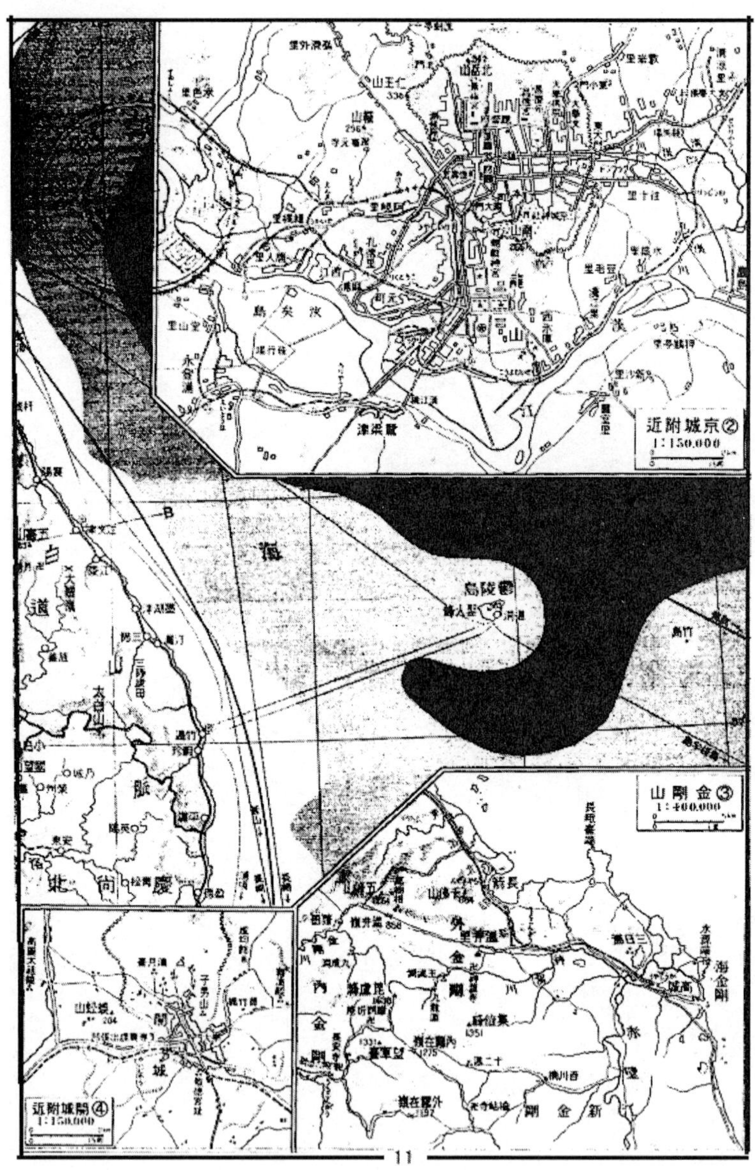
京城附近②
1:150,000
金剛山③
1:400,000
開城附近④
1:150,000
鬱陵島
11

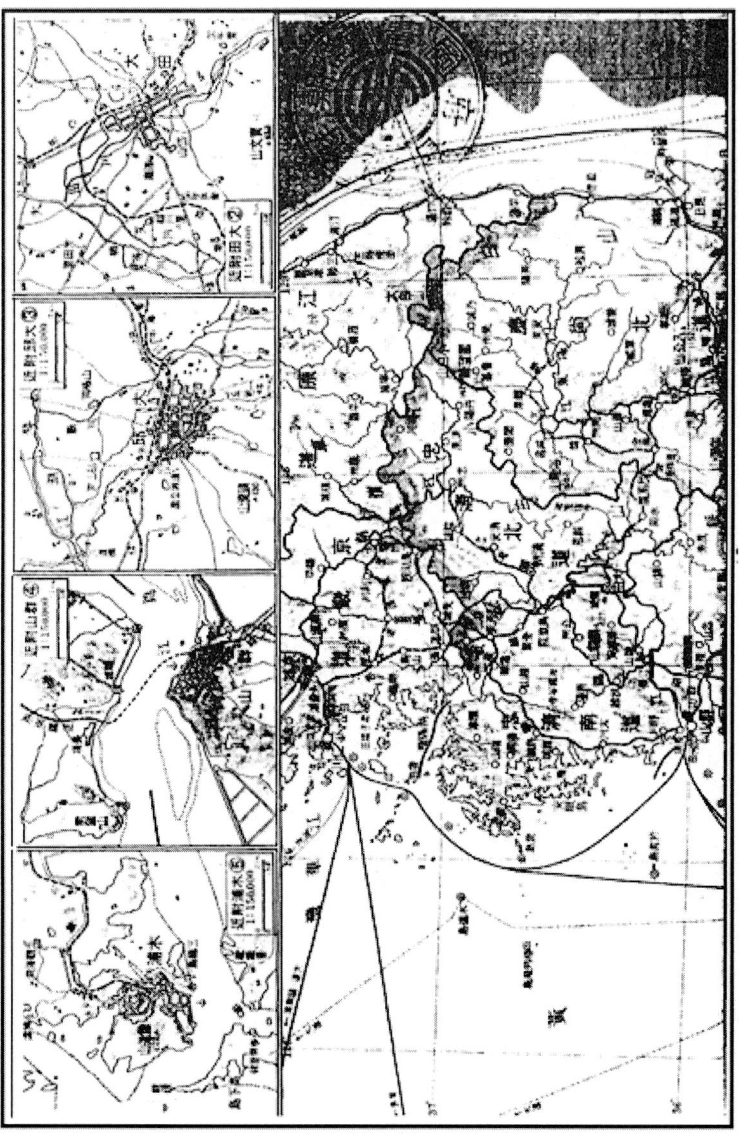

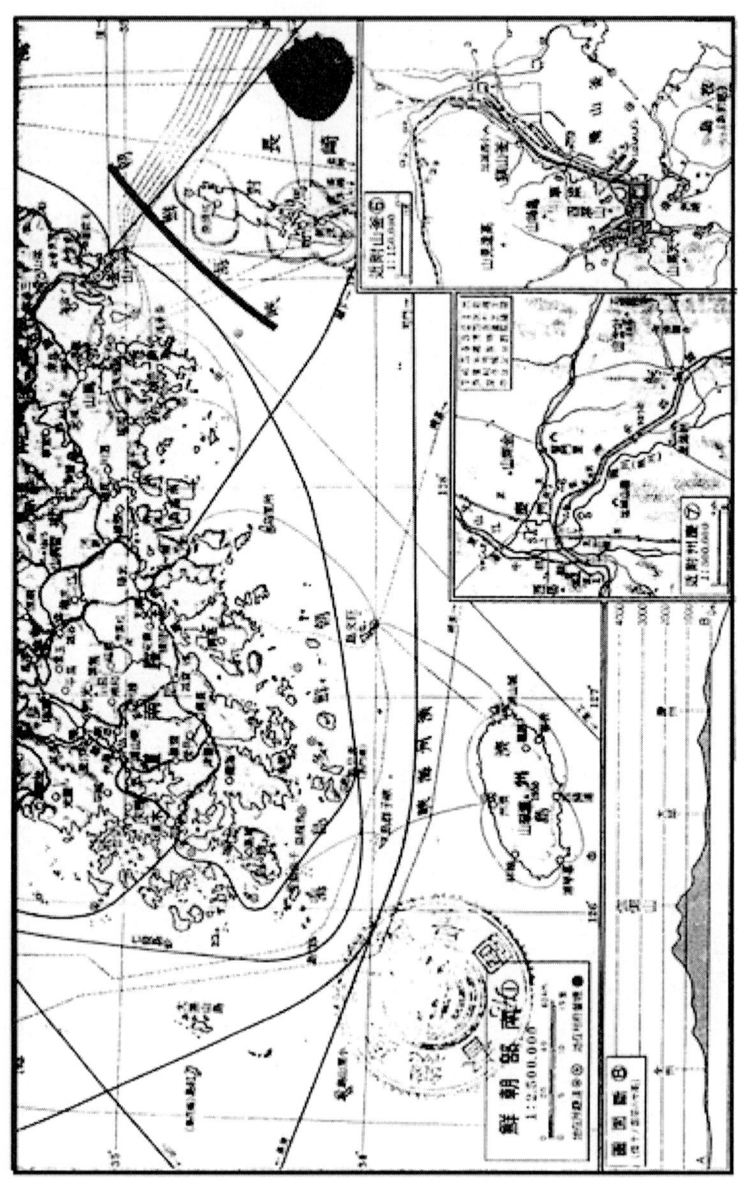

①北海道地方
1：3.000.000
④函館
1：250.000

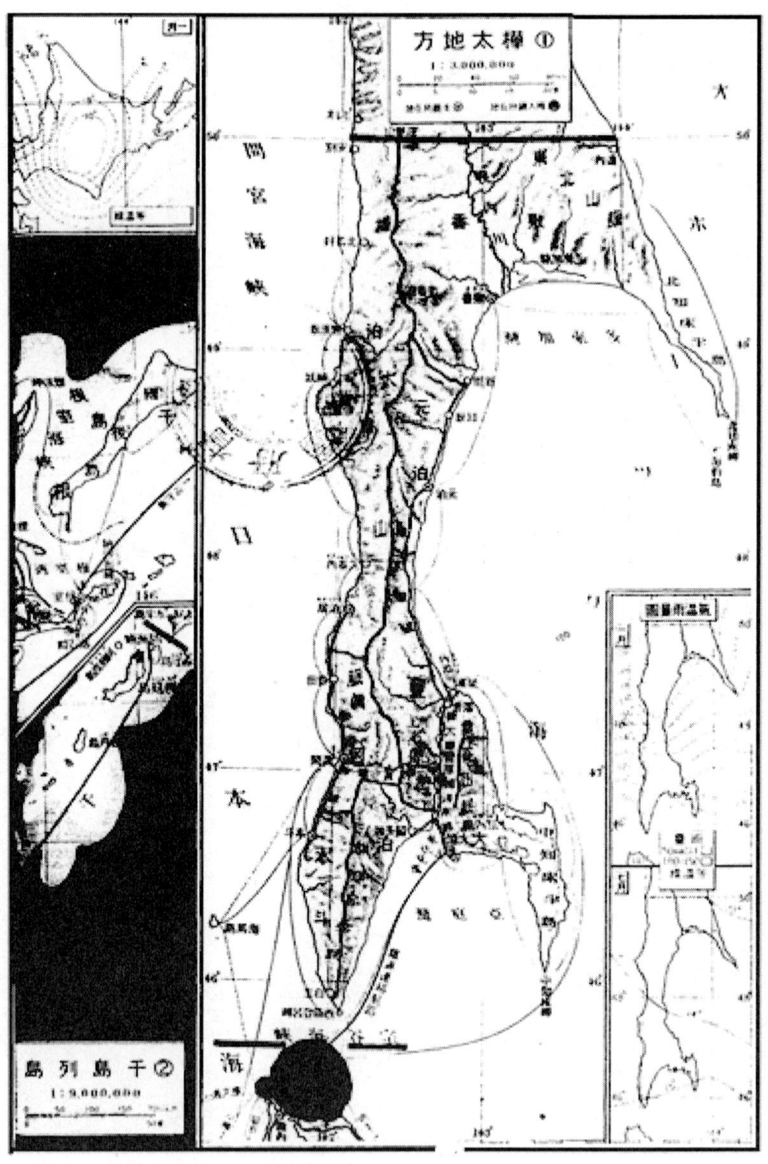
樺太地方 ①
千島列島 ②
1:9,000,000

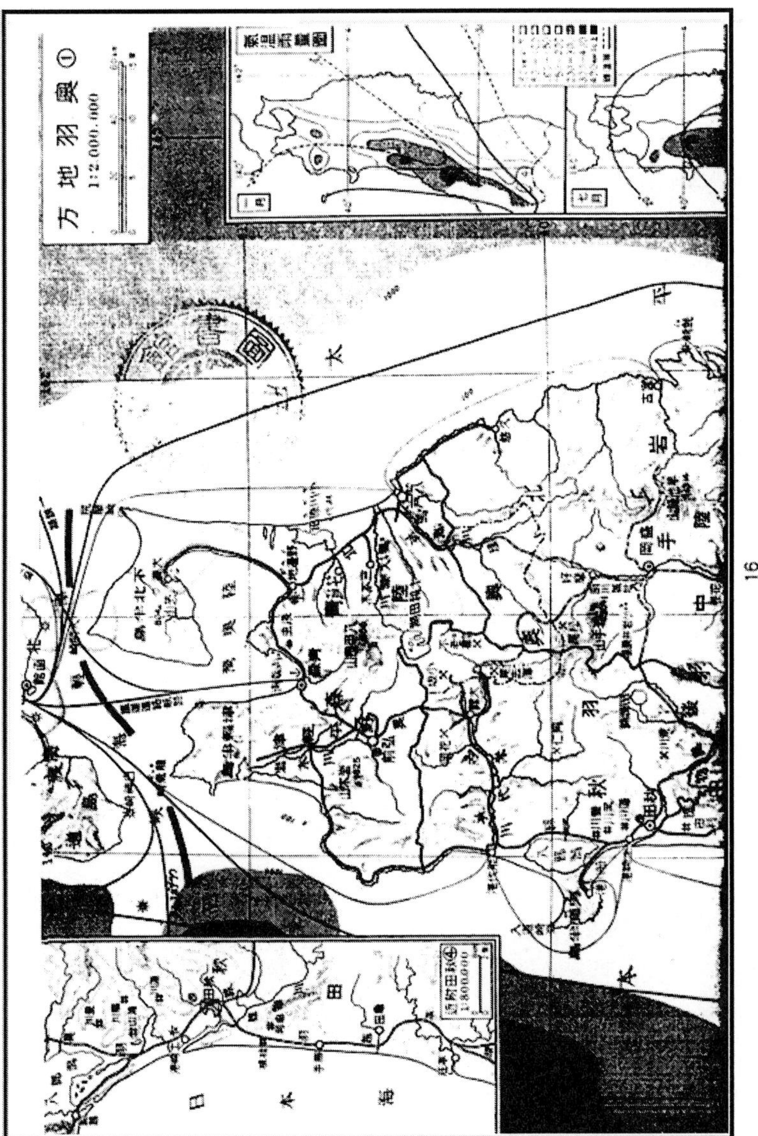

16

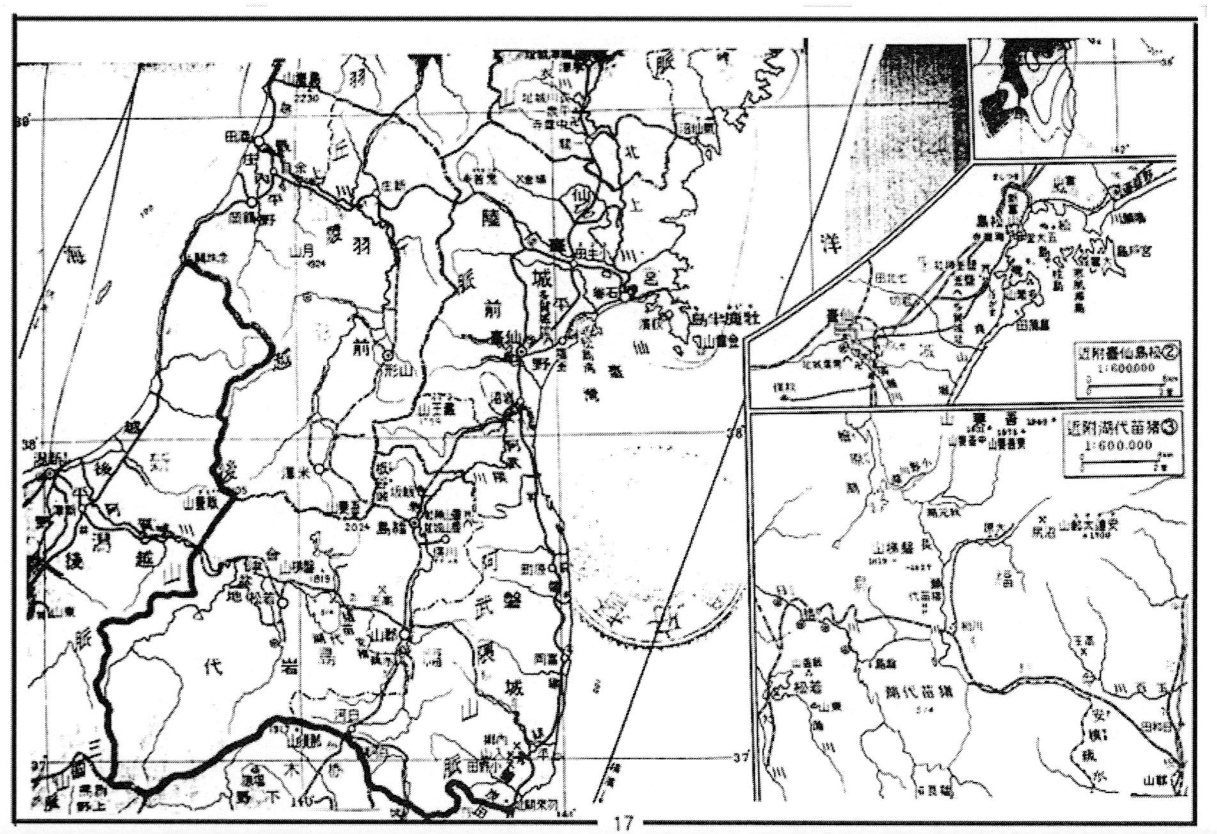
近附臺仙島松②
1:600,000
近附湖代苗猪③
1:600,000
17

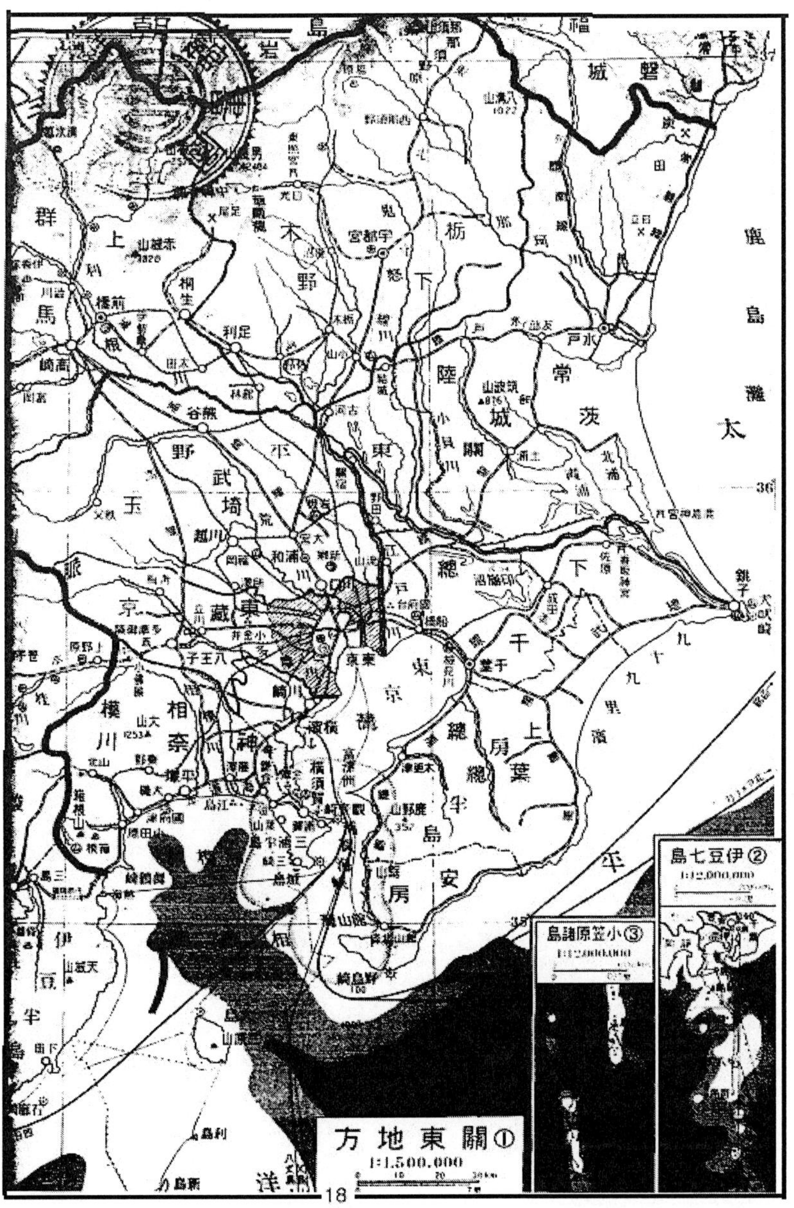
關東地方①
1:1,500,000
伊豆七島②
1:12,000,000
小笠原諸島③
1:12,000,000

光 日④
1:300,000
圖量雨溫氣
一月
七月
山根箱⑤
1:300,000
部要京東⑦
1:200,000
部要濱横⑥
1:200,000
19

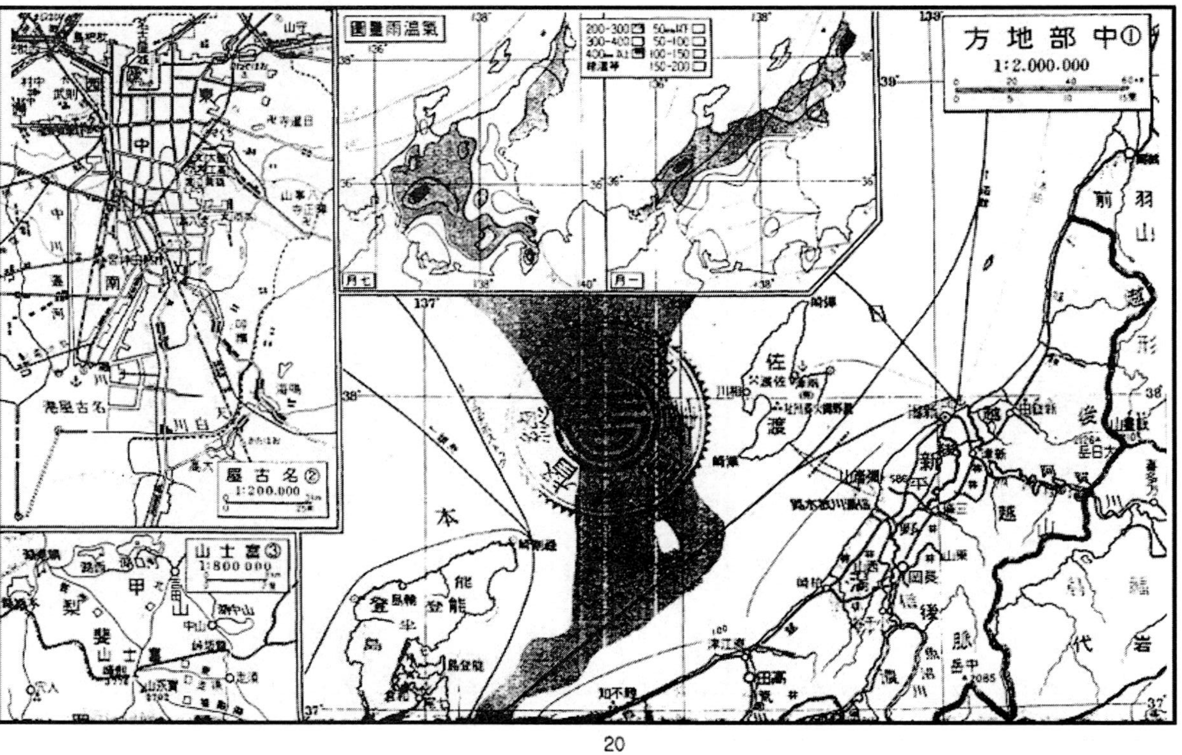
方地部中①
1:2.000.000
圖量雨溫氣
屋古名②
1:200.000
山士富③
1:800.000

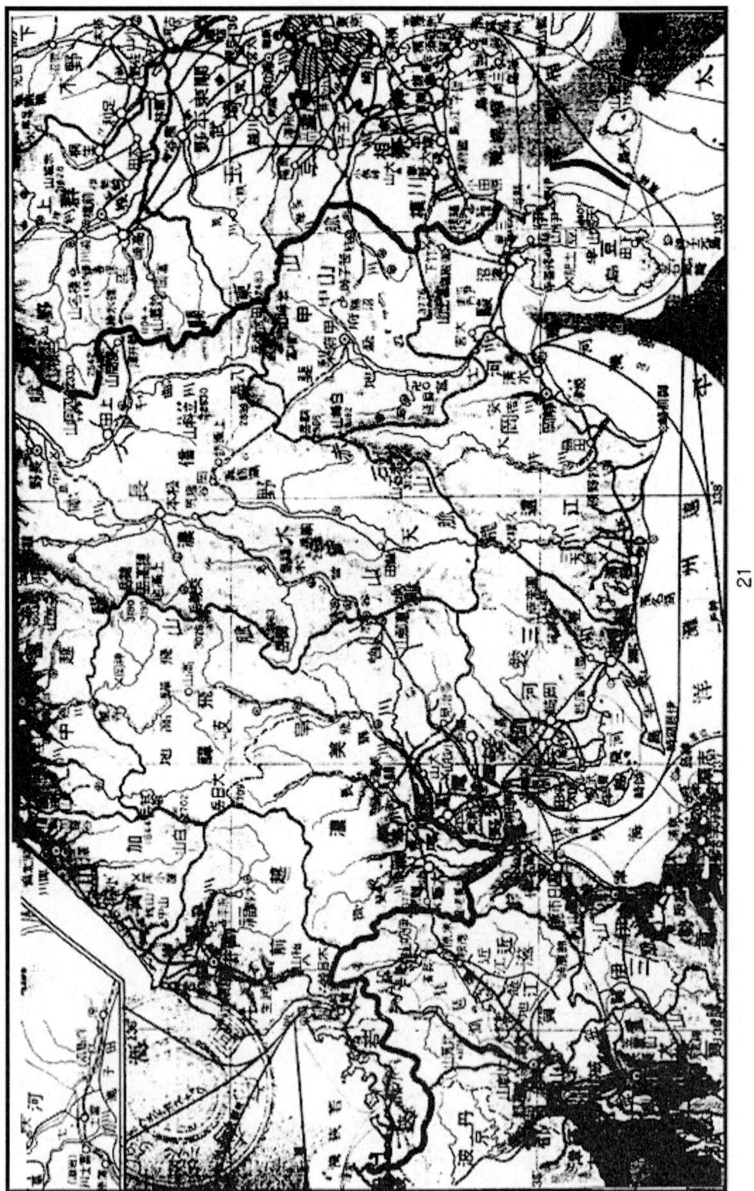

21

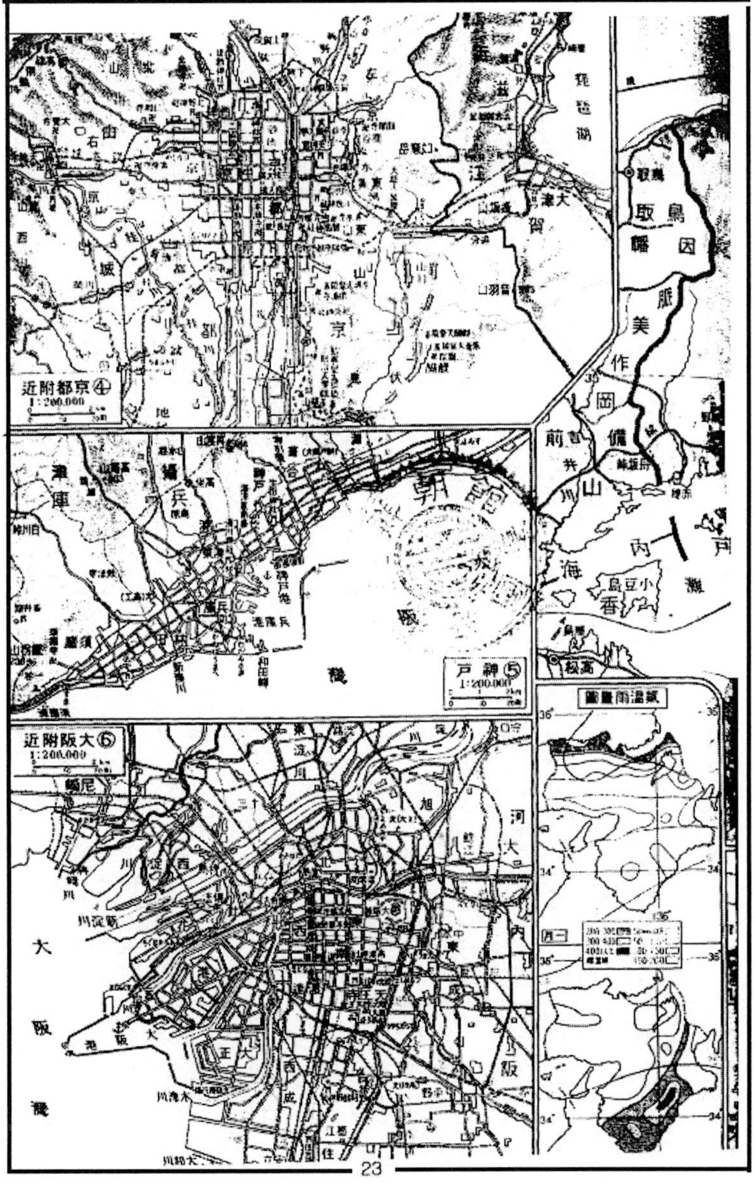
京都附近④
1:200,000
神戸⑤
1:200,000
大阪附近⑥
1:200,000

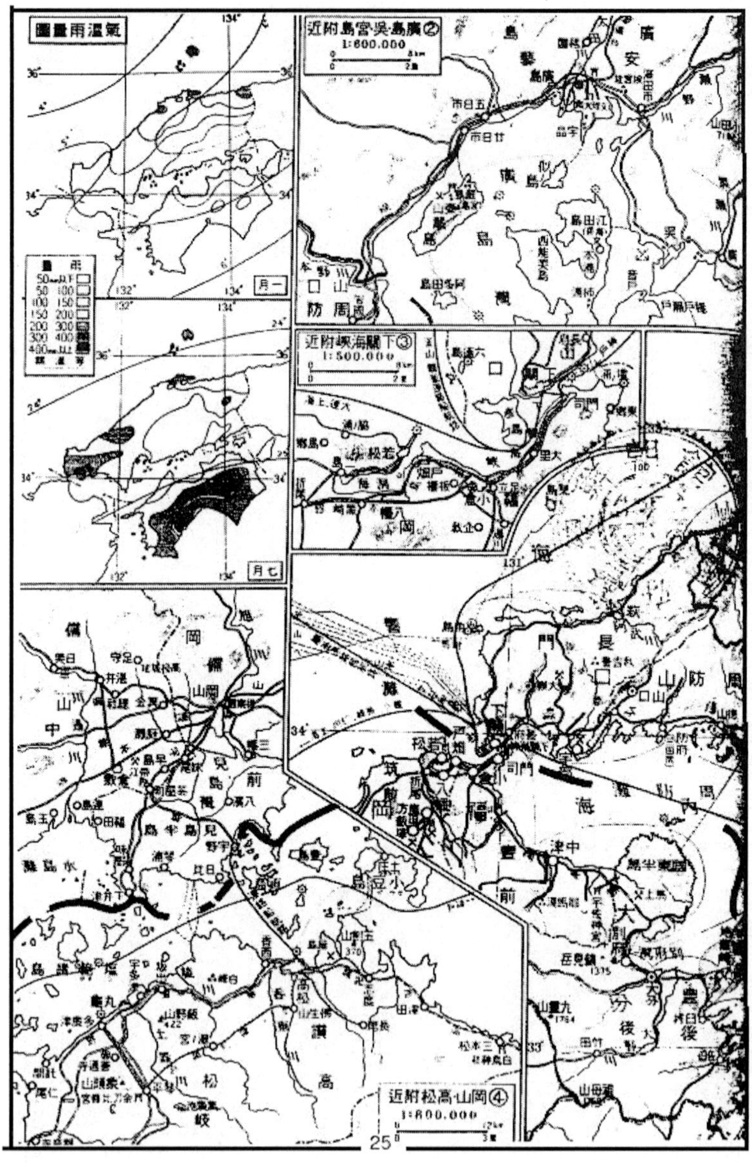
圖量雨溫氣
月一
月七
近附島宮呉·島廣②
1:600.000
近附峽海關下③
1:500.000
近附松高·山岡④
1:800.000
25

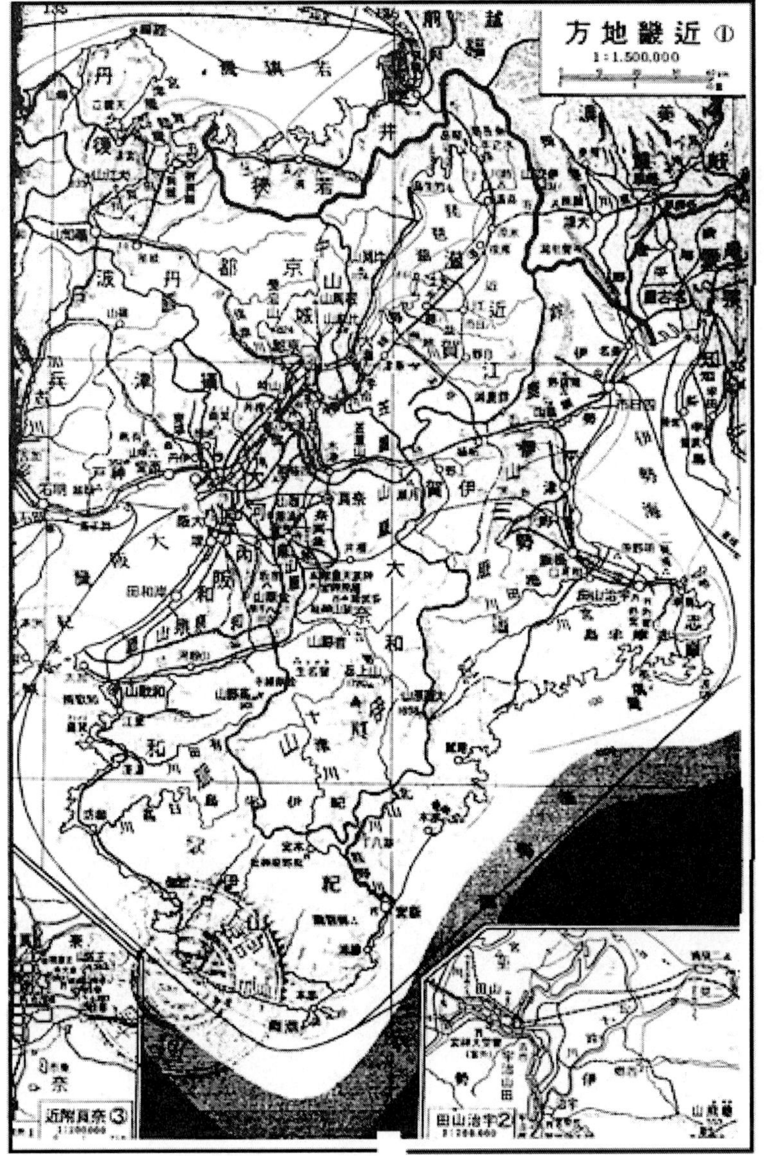
近畿地方 ①
1:1.500.000
奈良附近 ③
宇治山田 ②

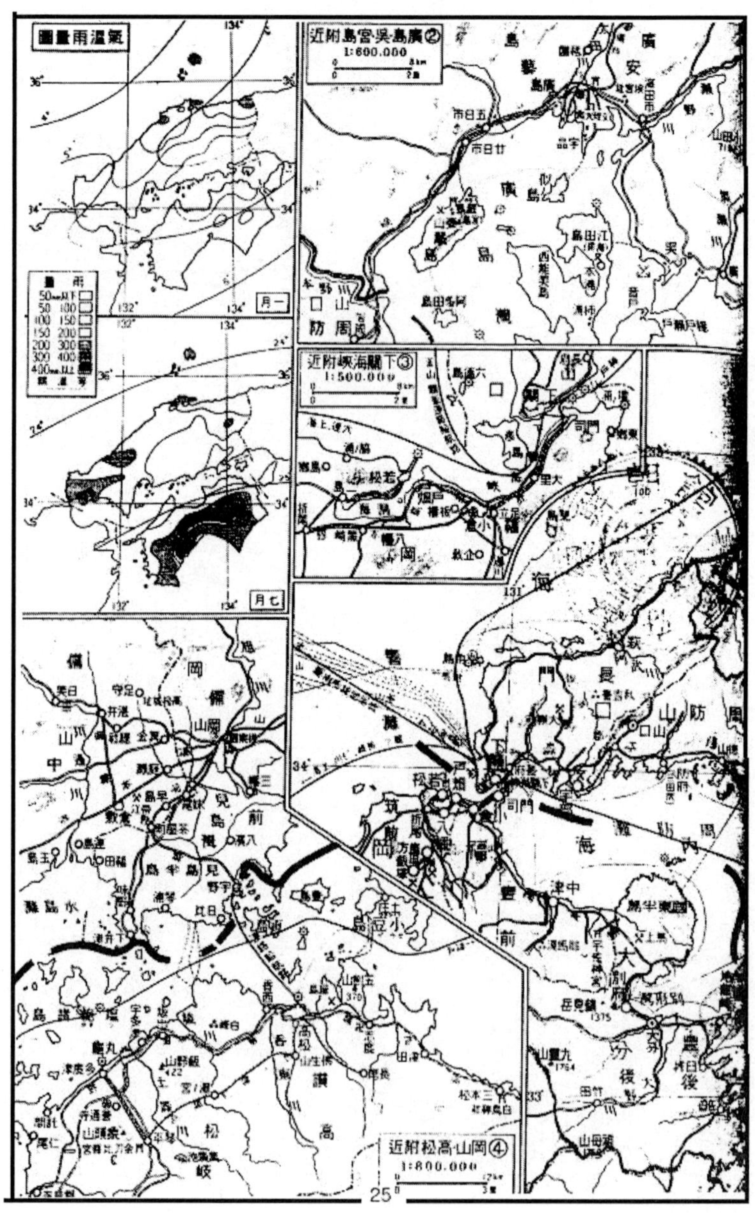
氣溫雨量圖
廣島·吳宮島附近②
1:600,000
下關海峽附近③
1:500,000
岡山·高松附近④
1:800,000
月一
月七
雨量
等溫線
25

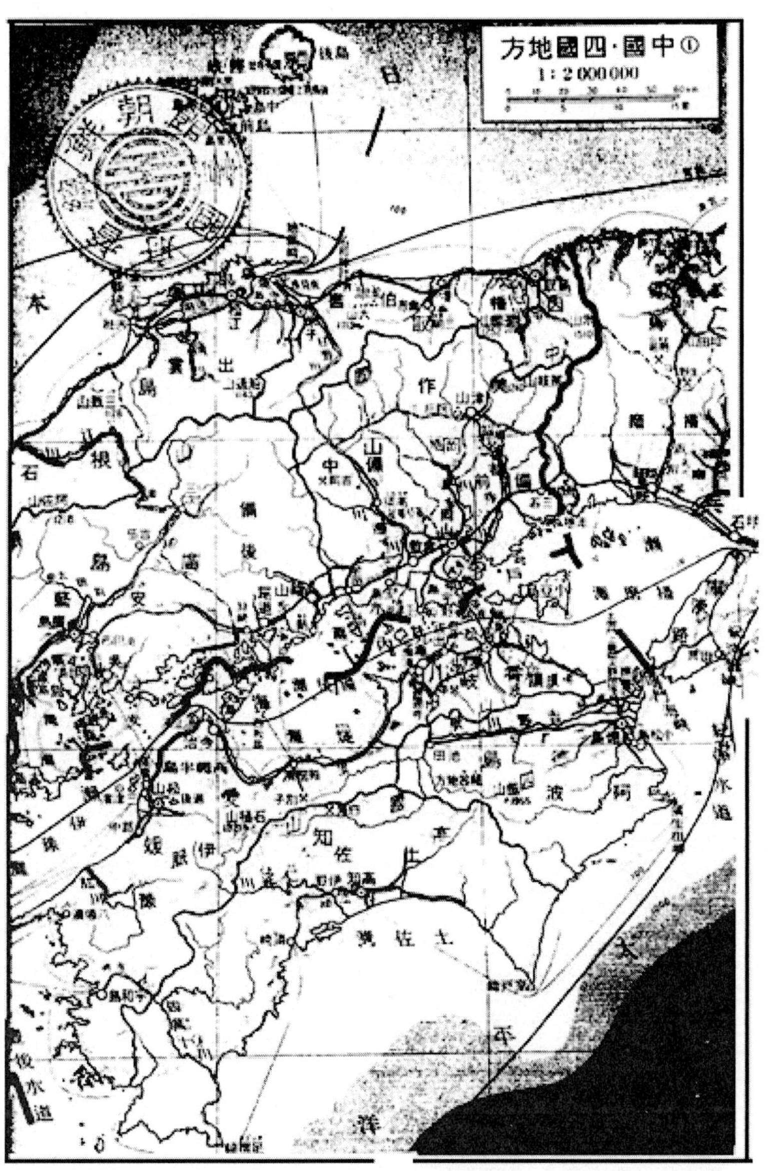
①中國·四國地方
1：2 000 000

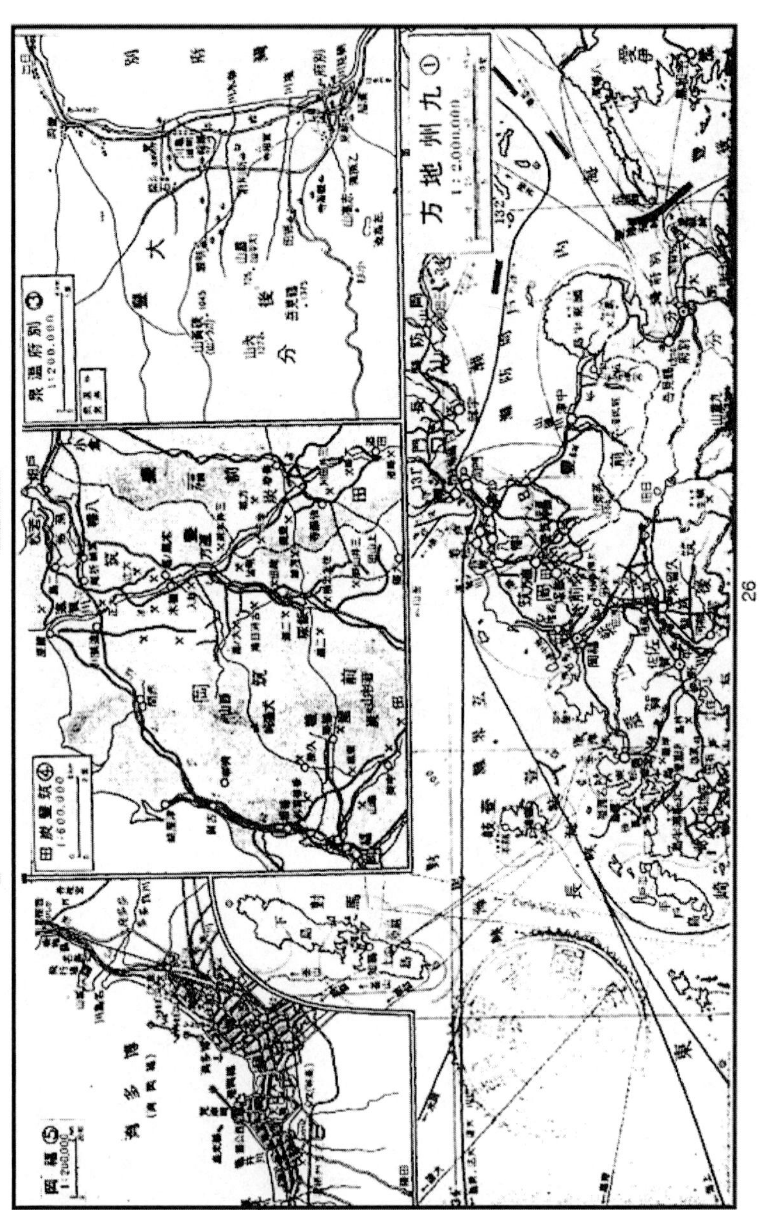

26

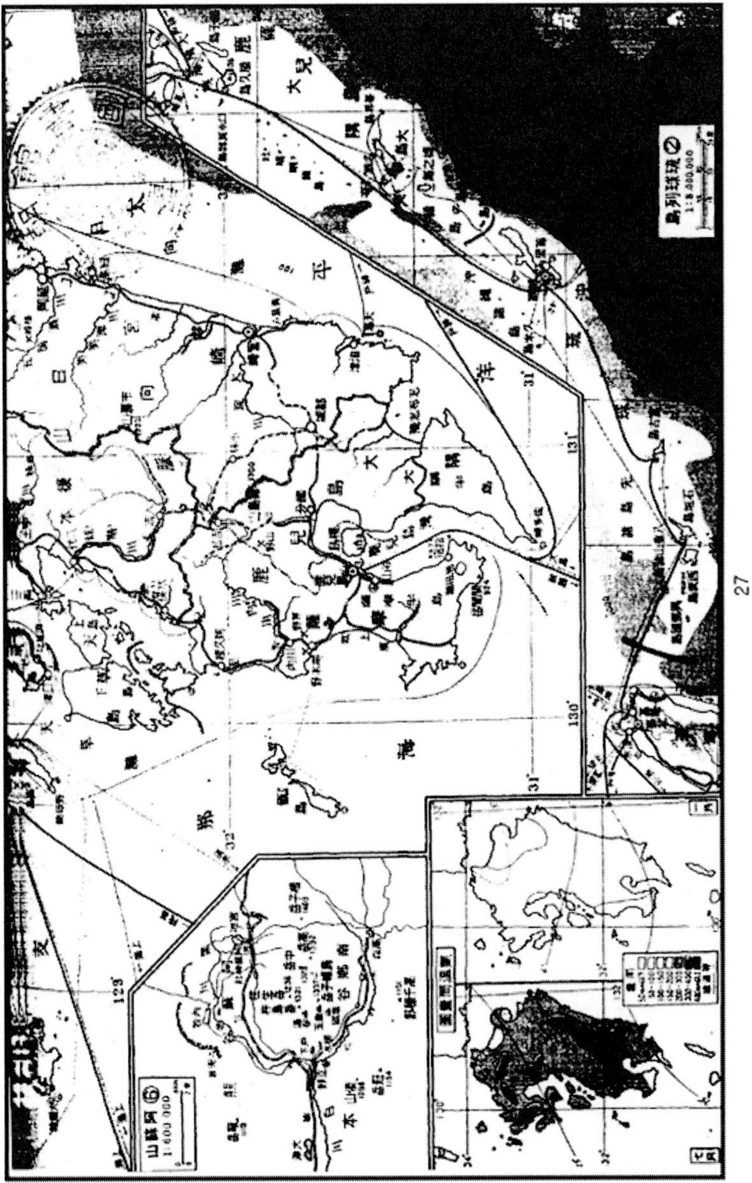

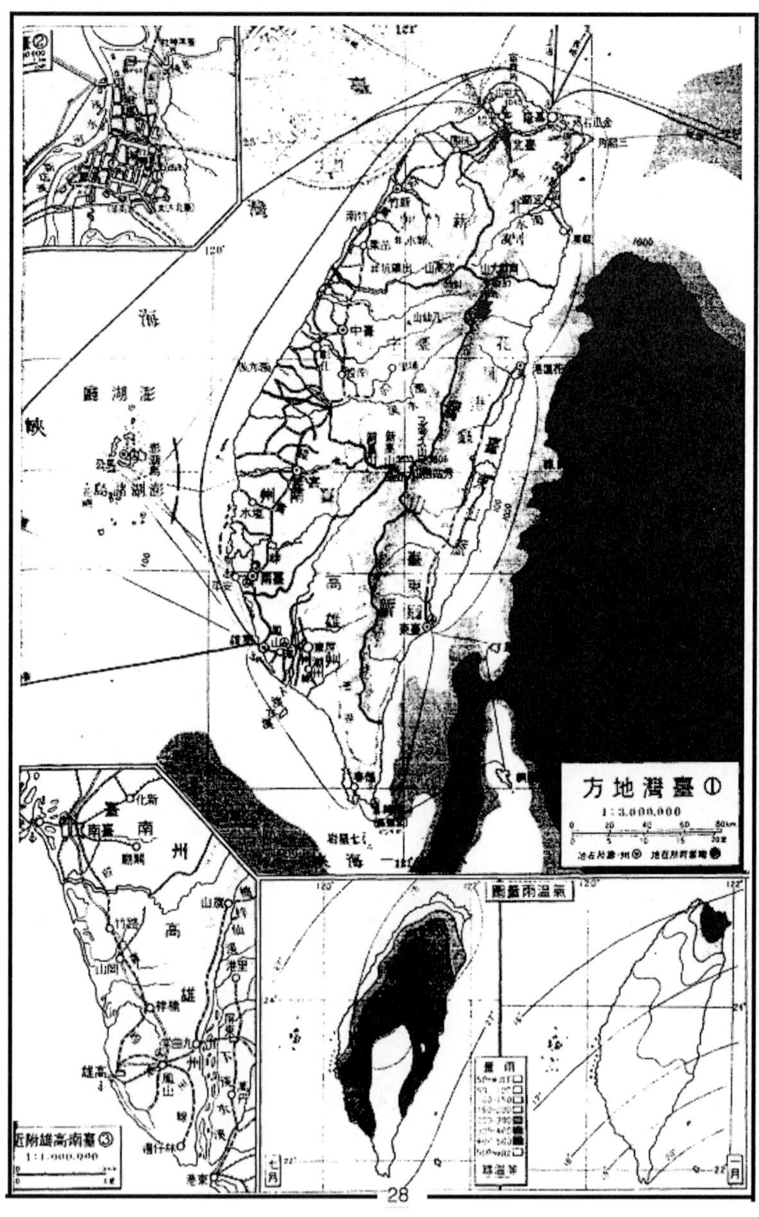
臺灣地方 ①
1:3,000,000
臺南高雄附近 ③
氣溫雨量圖
七月
一月

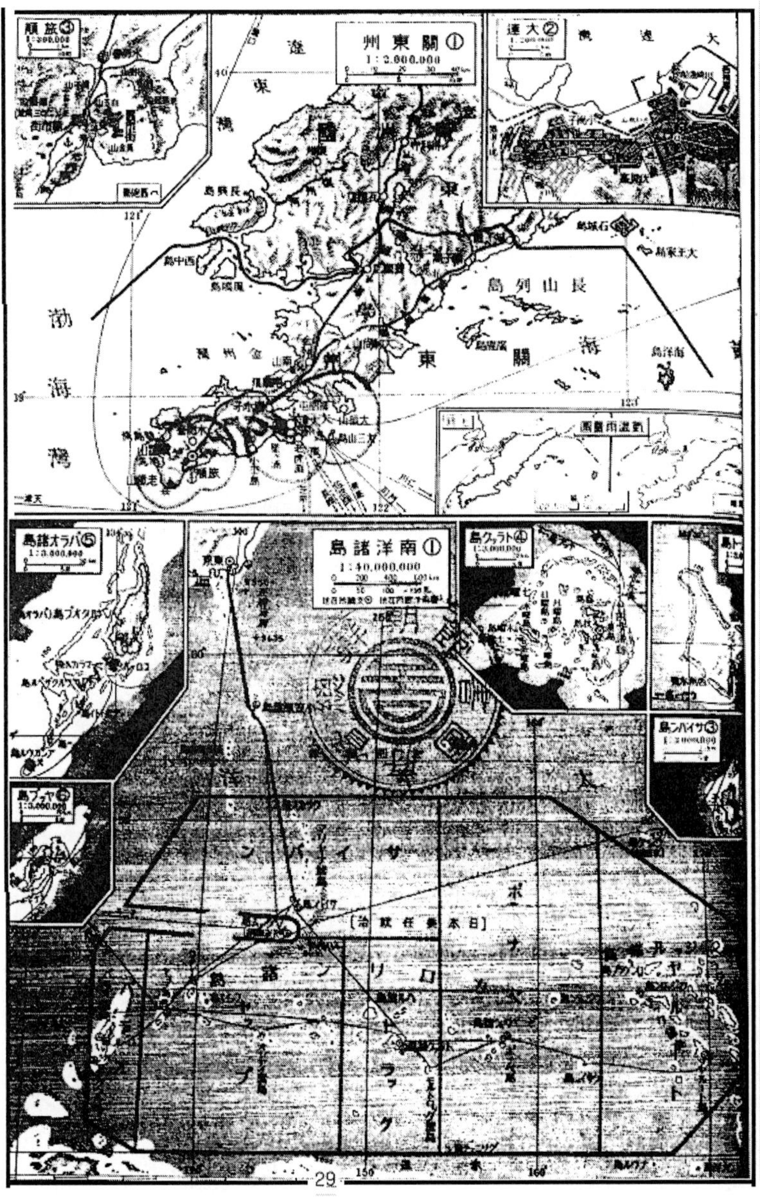
關東州①
1:2,000,000
大連②
旅順③
渤海灣
長山列島
南洋諸島①
1:40,000,000
パラオ諸島⑤
トラック島④
サイパン島③
ヤップ島②
[日本委任統治]

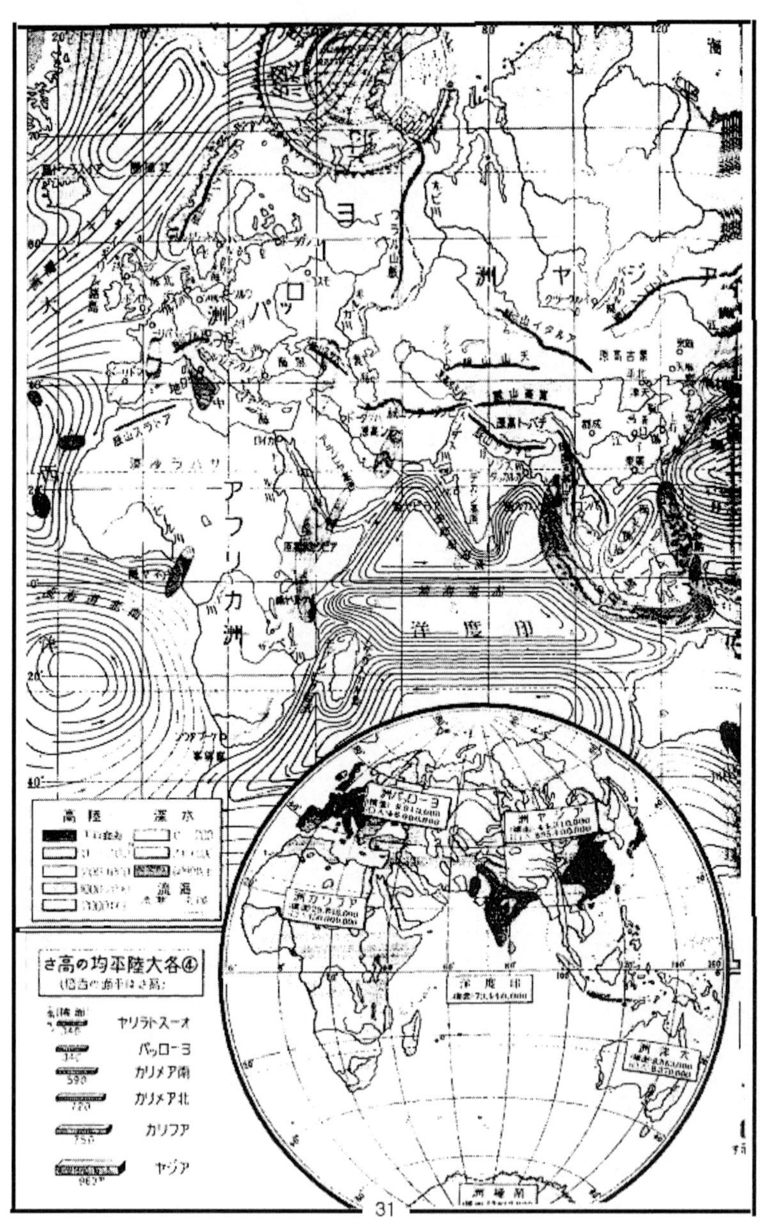
アフリカ洲
洋度印
さ高の均平陸大各④
ヤリラトスーオ
340
パッローヨ
カリメア南
590
カリメア北
720
カリフア
750
ヤジア
31

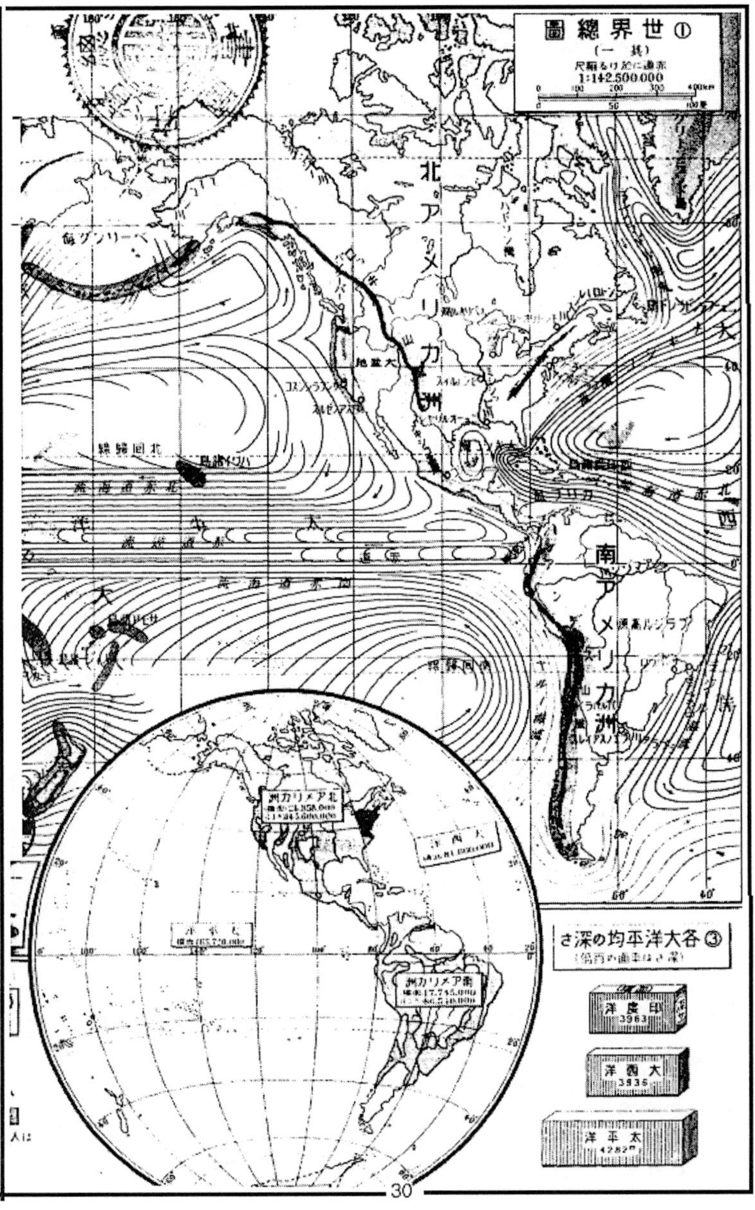
①世界總圖
(其一)
1:142,500,000
北アメリカ洲
南アメリカ洲
③各大洋平均の深さ
印度洋 3963
大西洋 3936
太平洋 4282m

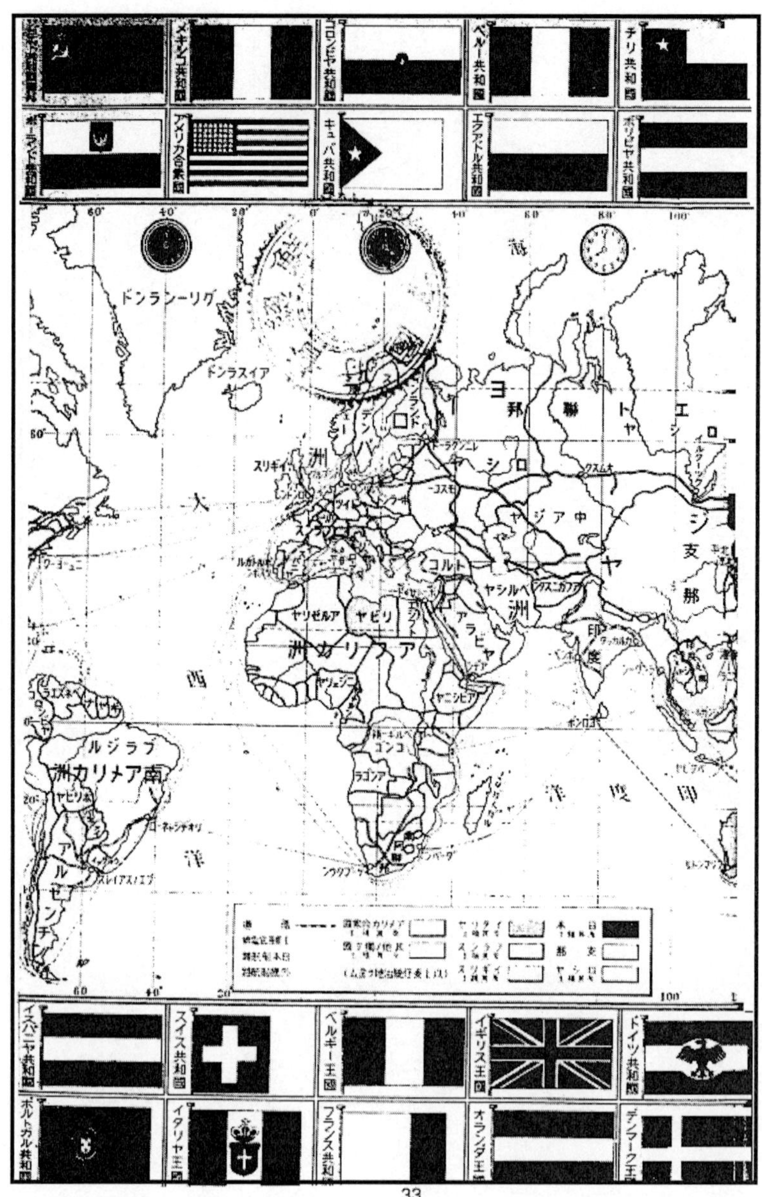

メキシコ共和國
コロンビヤ共和國
ペルー共和國
チリ共和國
アメリカ合衆國
キューバ共和國
エクアドル共和國
ボリビヤ共和國
イスパニヤ共和國
スイス共和國
ベルギー王國
イギリス王國
ドイツ共和國
ポルトガル共和國
イタリヤ王國
フランス共和國
オランダ王國
デンマーク王國
ドンランーリグ
ドンラスイア
スリギイ
ヤリゼルア
ヤビリ
アラビヤ
ヤシルペ
コルト
ルジラブ
洲カリメア南
アルゼンチン
コンゴ
ラゴンア

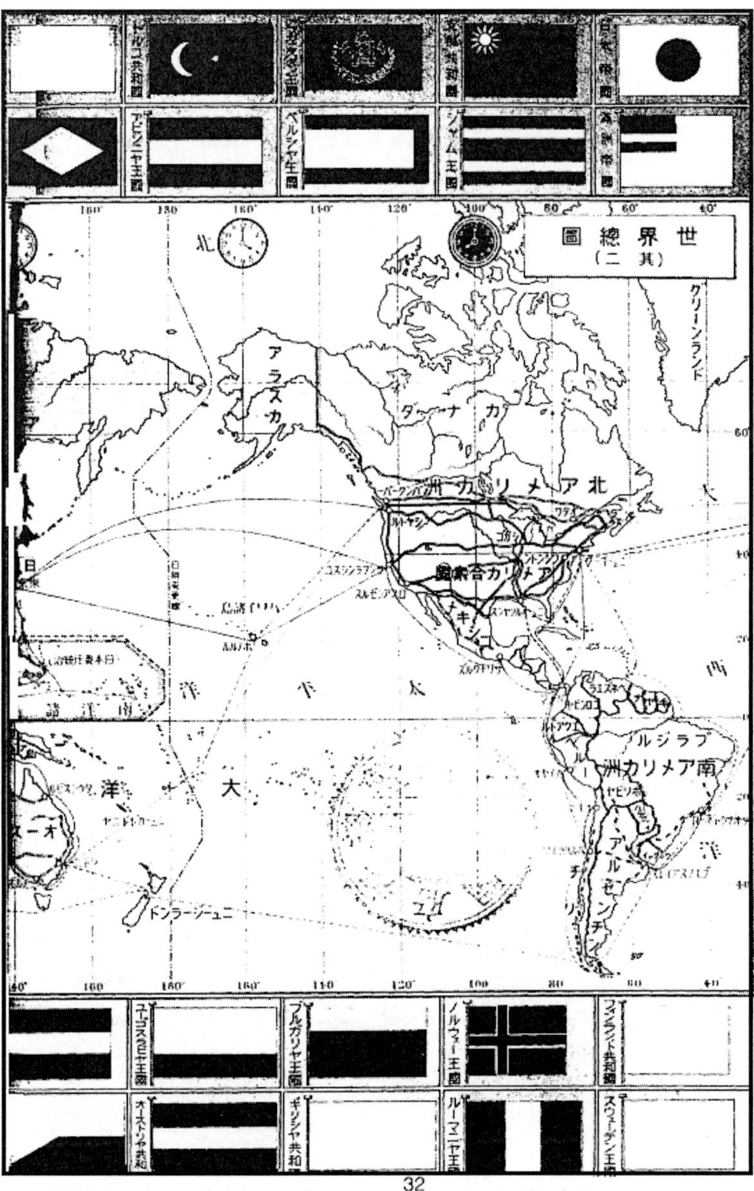

世界總圖
(其二)
トルコ共和國
日本帝國
アビシニヤ王國
ペルシヤ王國
シャム王國
滿洲帝國
アラスカ
カナダ
グリーンランド
北アメリカ洲
アメリカ合衆國
メキシコ
南アメリカ洲
ブラジル
アルゼンチン
チリ
太平洋
ニュージーランド
ユーゴスラビヤ王國
ブルガリヤ王國
ノルウェー王國
フィンランド共和國
オーストリヤ共和國
ギリシヤ共和國
ルーマニヤ王國
スウェーデン王國

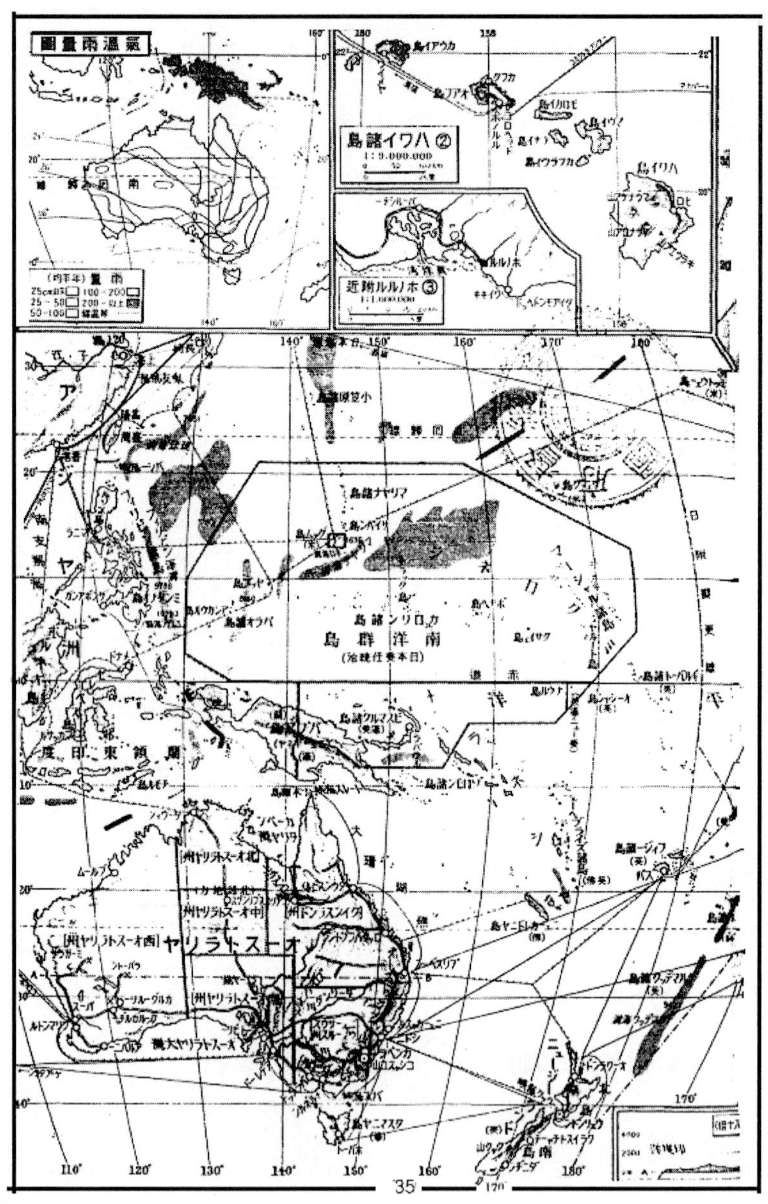
圖量雨溫氣
島諸イワハ ②
1:9,000,000
近附ルルノホ ③
島諸ナヤリマ
島諸ンリロカ
島群洋南
(治統任委本日)
110°
120°
130°
140°
150°
160°
170°
180°
35

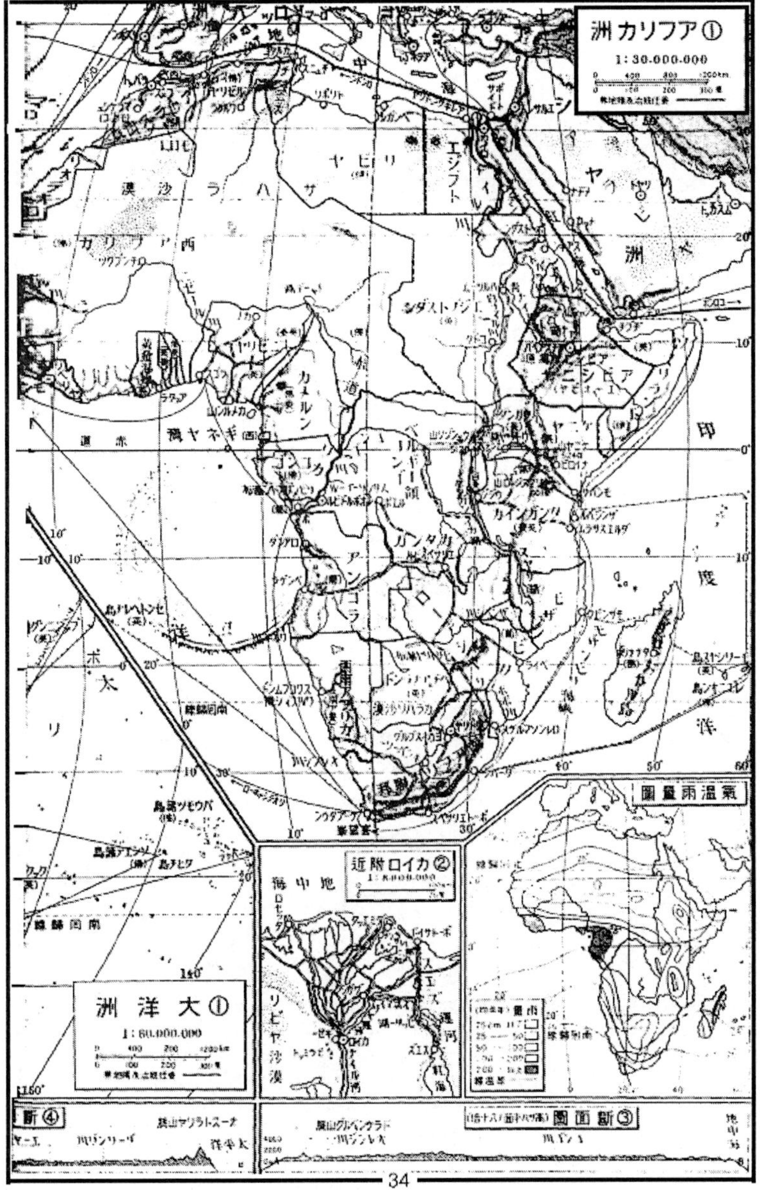
洲カリフア①
1:30.000.000
近附ロイカ②
氣溫雨量圖
洲洋大①
1:60.000.000
斷面圖③
斷④

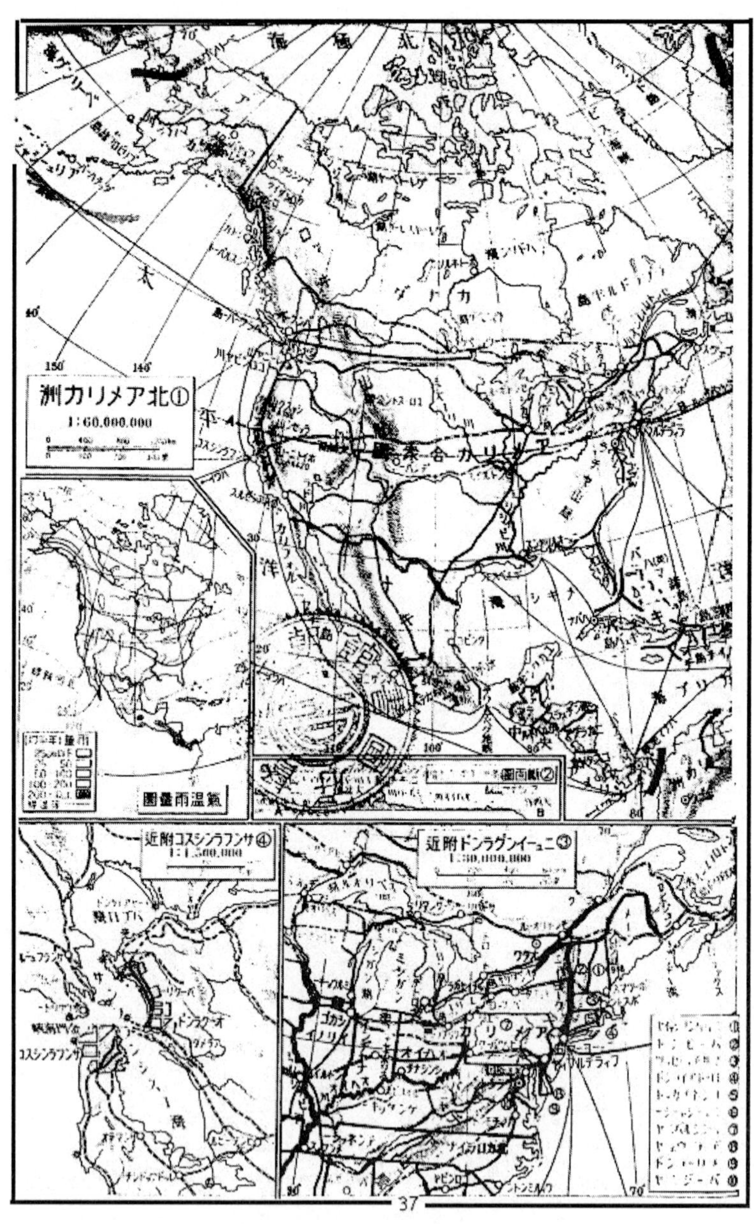
洲カリメア北①
1:60,000,000
圖量雨温氣
圖面斷②
近附コスシンラフンサ④
近附ドンラグンイーュニ③
37

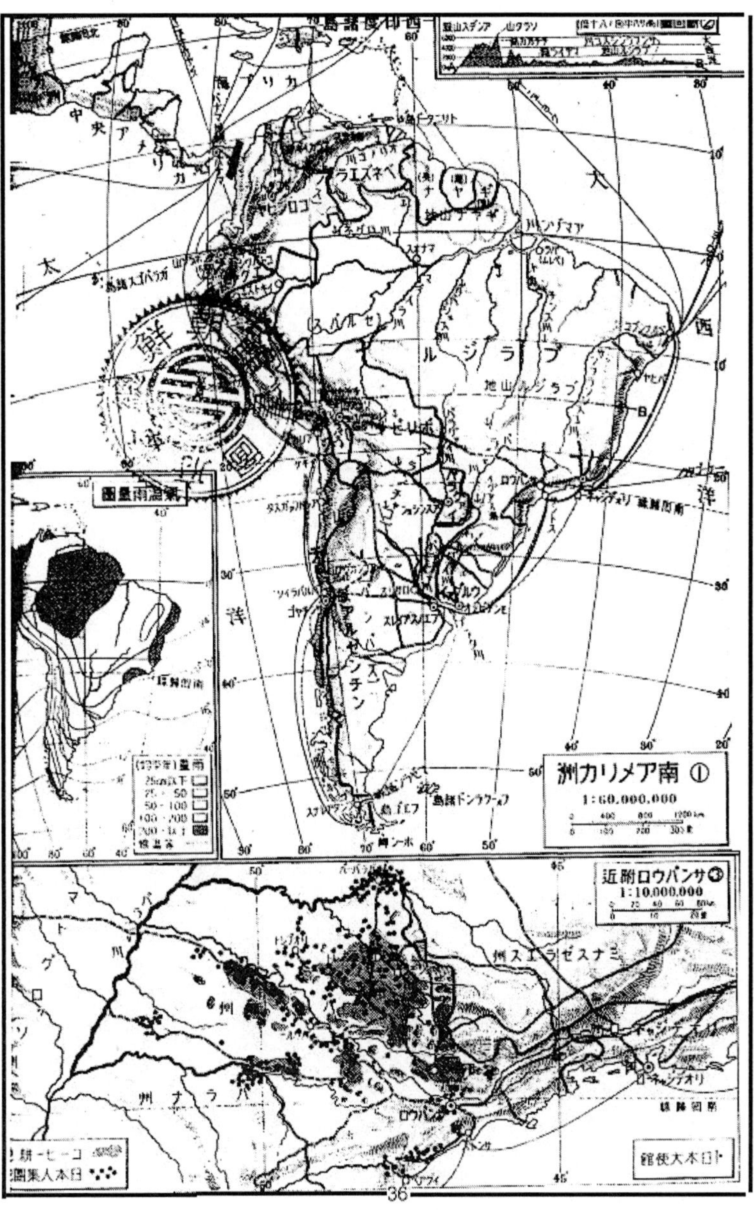
洲カリメア南 ①
1:60,000,000
近附ロウパンサ ②
1:10,000,000
圖量雨溫氣
館使大本日
36

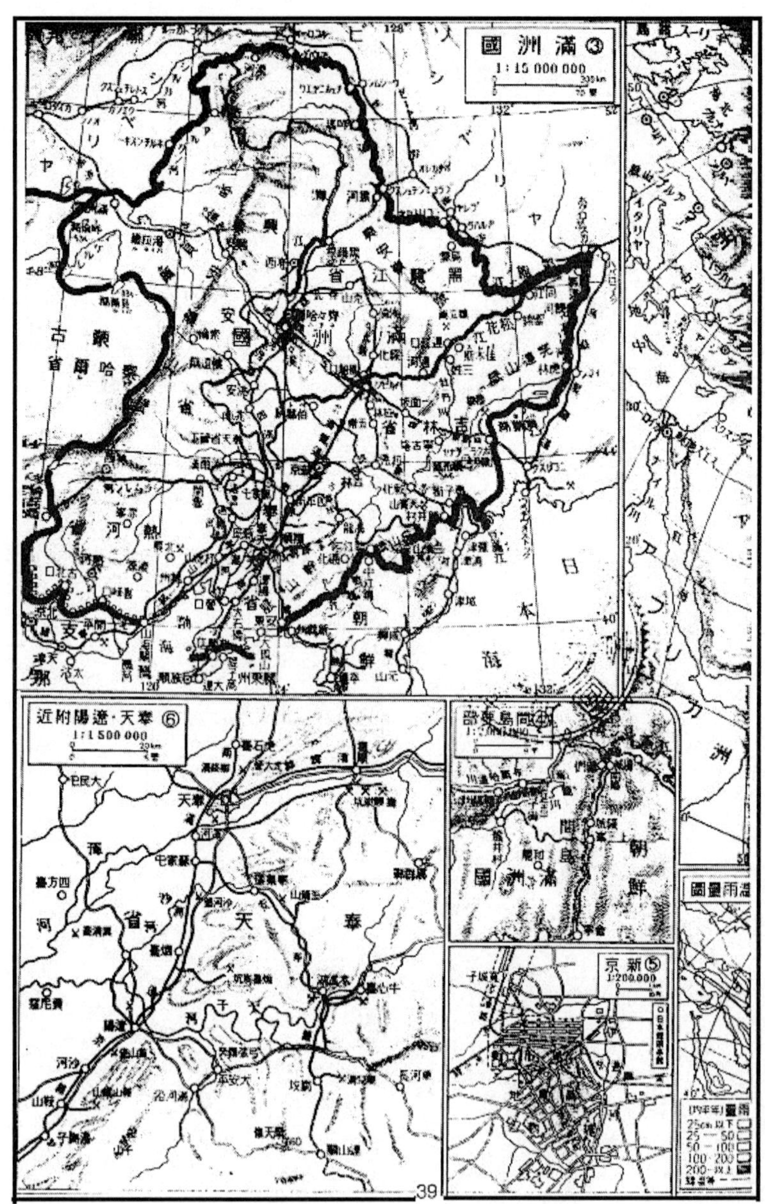
滿洲國 ③
1:15 000 000
奉天·遼陽附近 ⑥
1:1 500 000
新京 ⑤
1:200,000
39

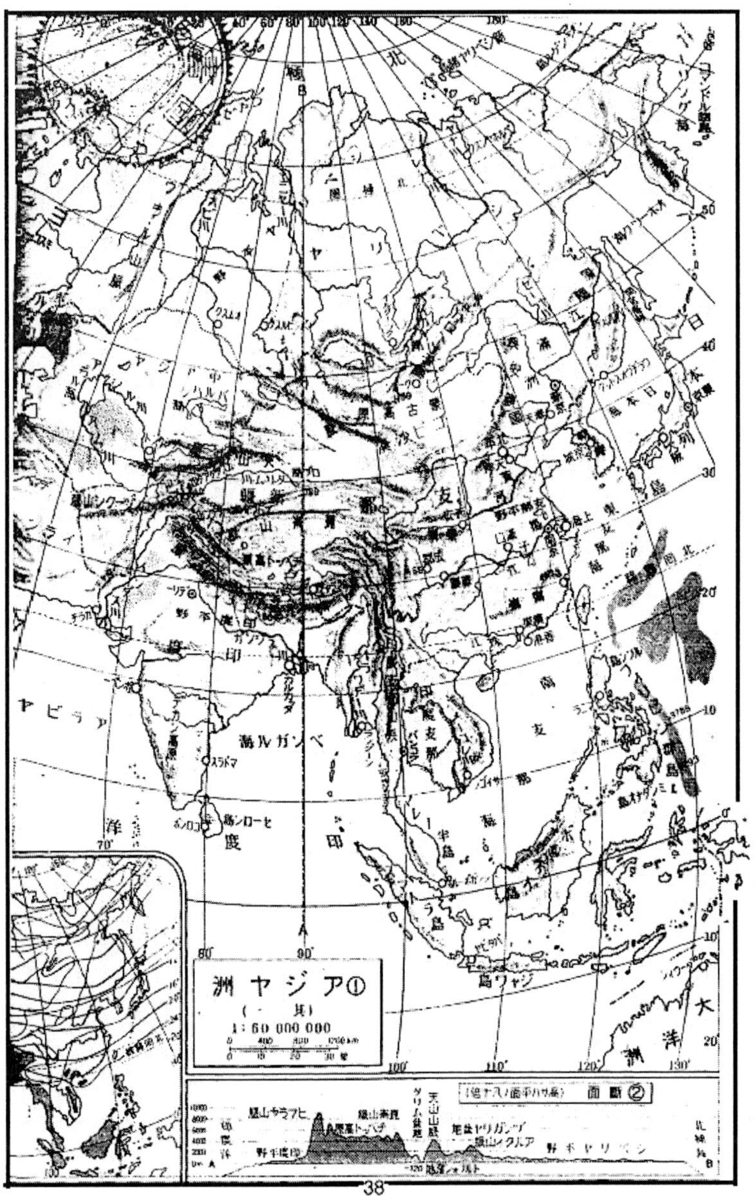
洲ヤジア①
(一其)
1:60 000 000
面斷②

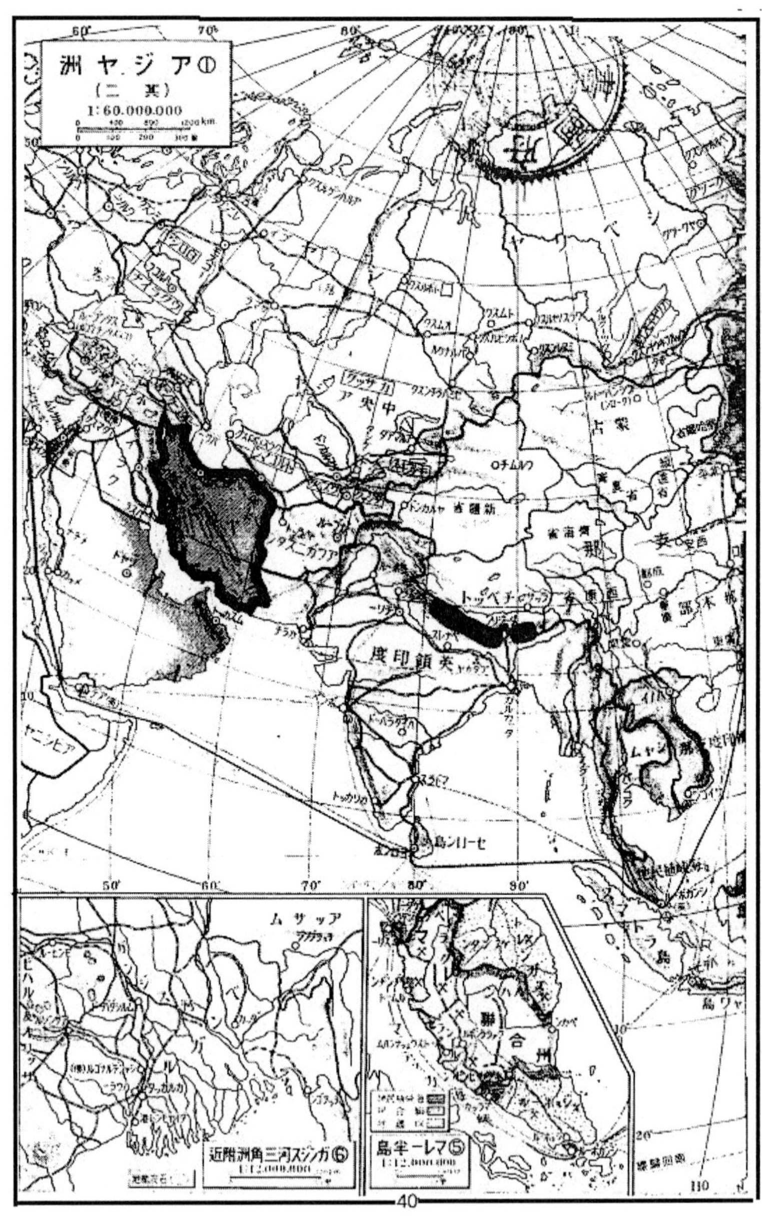
アジア洲①
(其二)
1:60.000.000
ガンジス河三角洲附近⑥
1:12.000.000
マレー半島⑤
1:12.000.000
40

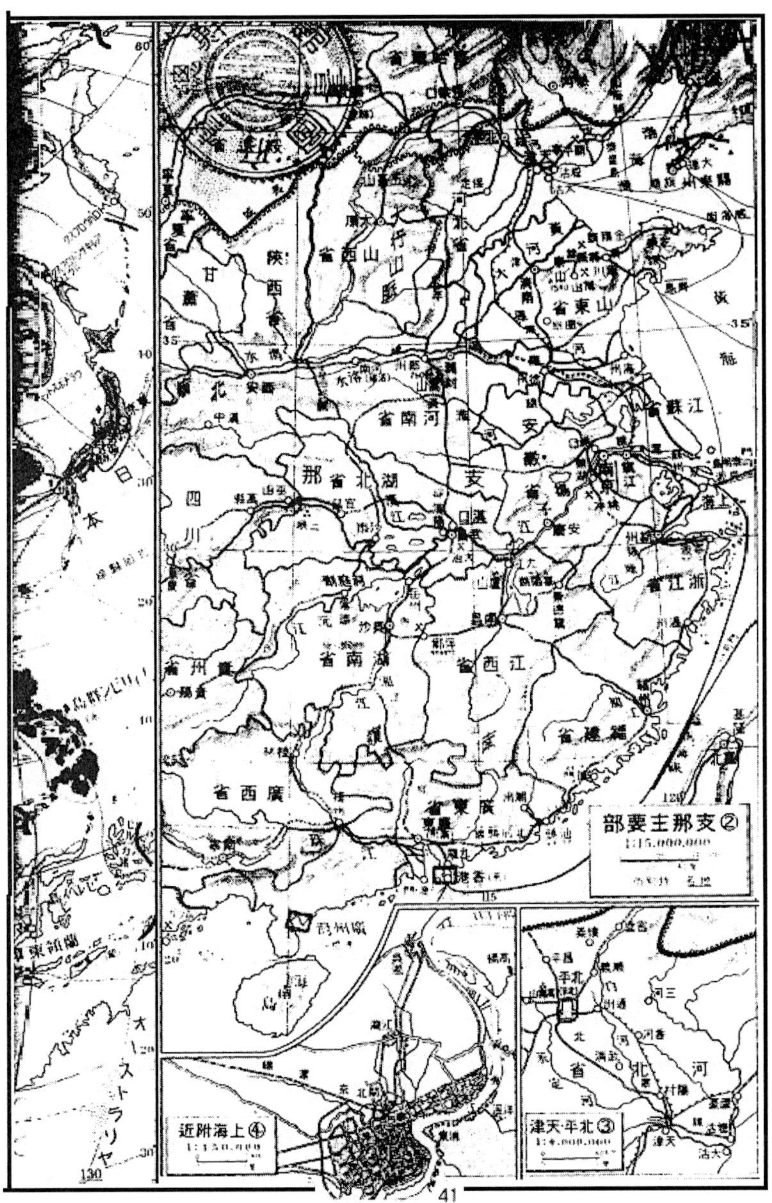
②支那主要部
③北平·天津
④上海附近

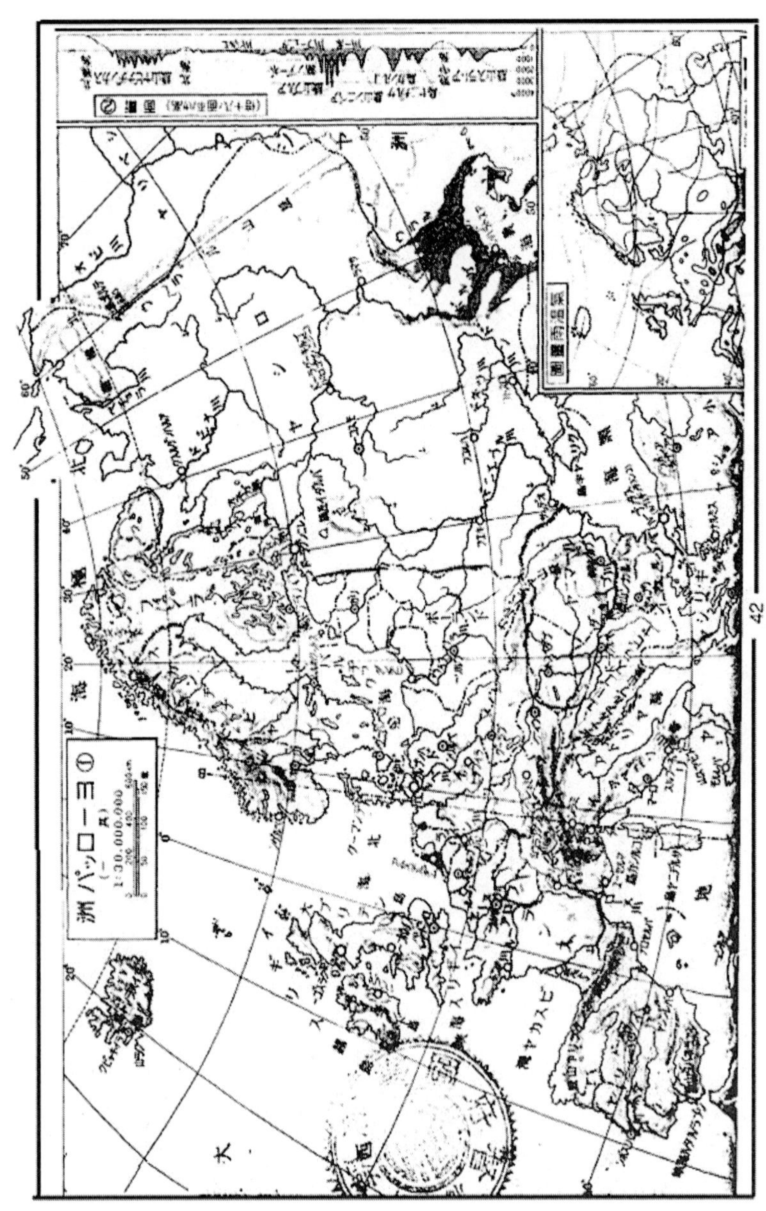
ヨーロッパ洲
1:30,000,000
42

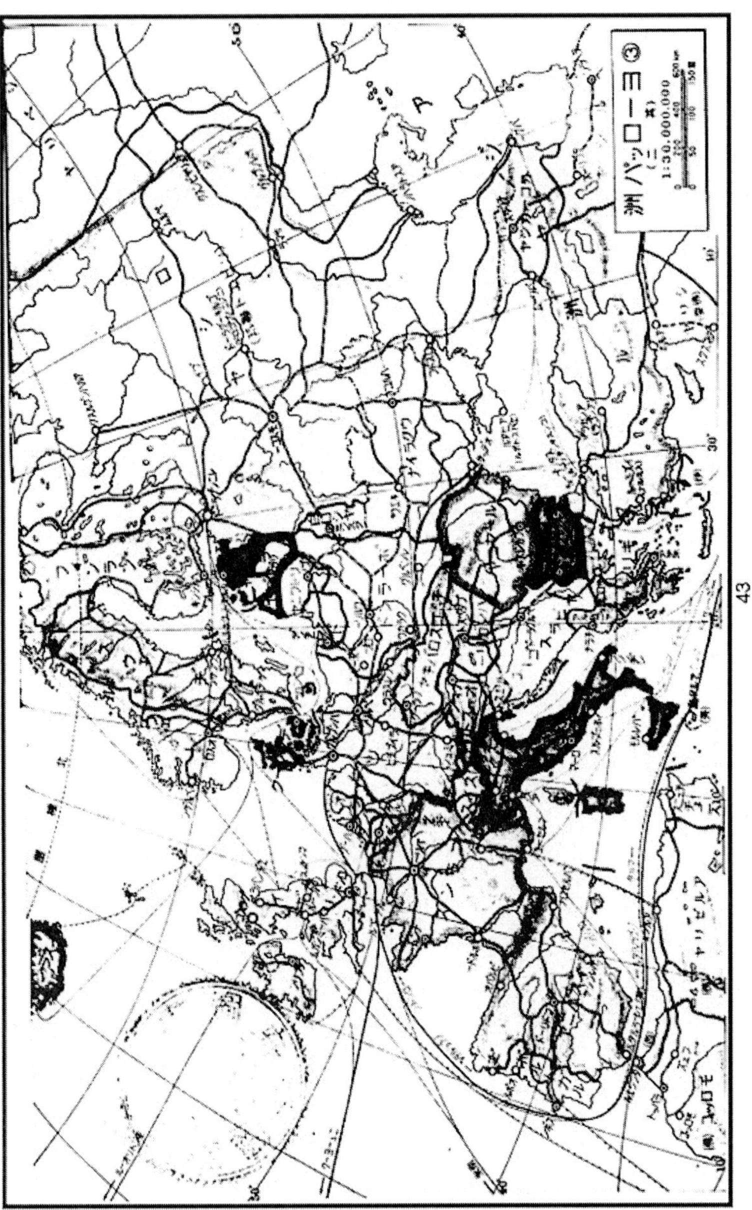

43

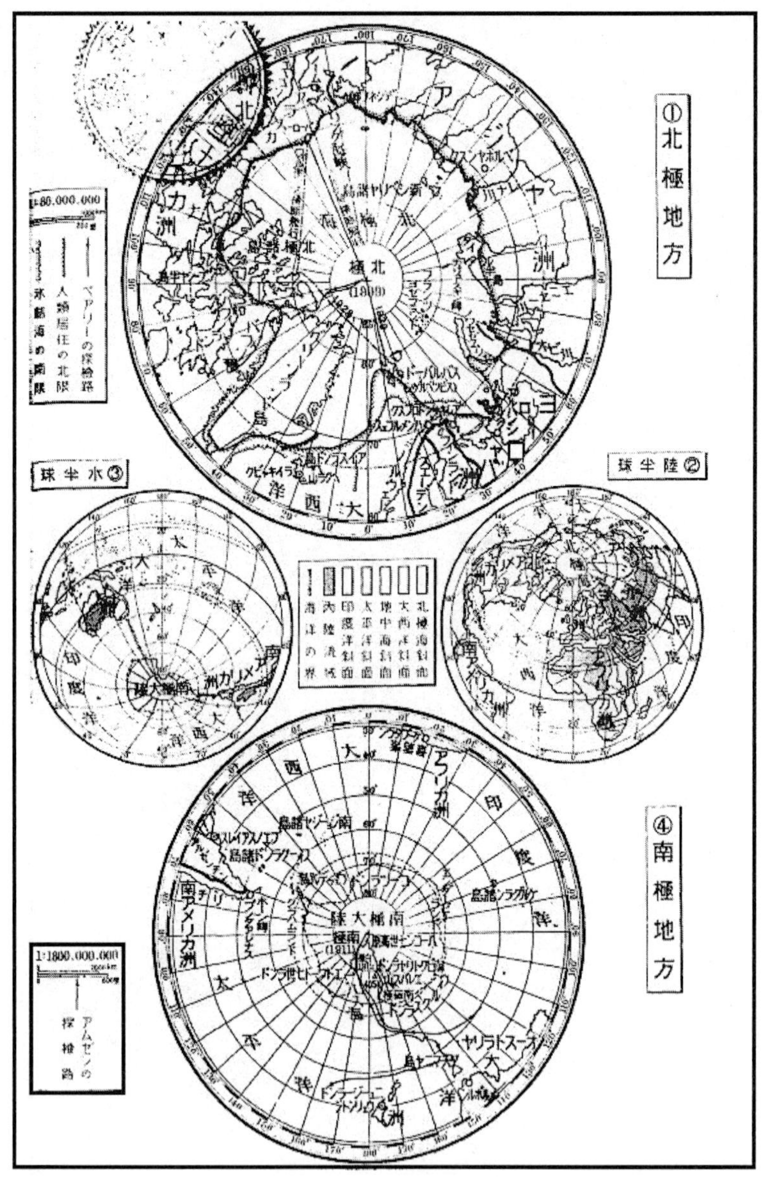
①北極地方
②陸半球
③水半球
④南極地方
1:80,000,000
ペアリーの探檢路
人類居住の北限
1:180,000,000
アムゼンの探檢路
北極
南極
南極大陸

44

初等地理書附圖

定價金二十六錢

昭和九年三月二十五日印刷
昭和九年三月三十一日發行

著作權所有

著作者 朝鮮總督府

京城府元町三丁目一番地
發行者 朝鮮書籍印刷株式會社
代表者 井上主計

東京市神田區神保町一丁目一番地
印刷者 株式會社三省堂
代表者 龜井寅雄

京城府元町三丁目一番地
發行所 朝鮮書籍印刷株式會社

▸ 찾아보기

(ㄷ)

(ㄹ)

(ㅁ)

(ㅇ)

(ㅈ)

역자소개

김순전 金順槇

소속 : 전남대 일문과 교수, 한일비교문학 · 일본근현대문학 전공

대표업적 : ① 저서 : 『일본의 사회와 문화』, 제이앤씨, 2006년 9월

② 저서 : 『한국인을 위한 일본소설 개설』, 제이앤씨, 2015년 8월

③ 저서 : 『한국인을 위한 일본문학 개설』, 제이앤씨, 2016년 3월

박경수 朴京洙

소속 : 전남대 일문과 강사, 일본근현대문학 전공

대표업적 : ① 논문 : 「제국주의 지리학의 지정학적 고찰 - 조선총독부 편찬 『初等地理』를 중심으로-」, 『일본어문학』 제70집, 일본어문학회, 2015년 8월

② 논문 : 「일제의 식민지 지배전략과 神社 - 조선총독부 편찬 <地理>교과서를 중심으로-」, 『일본어문학』 제72집, 일본어문학회, 2016년 2월

③ 저서 : 『정인택, 그 생존의 방정식』, 제이앤씨, 2011년 6월

사희영 史希英

소속 : 전남대 일문과 강사, 한일 비교문학 일본근현대문학 전공

대표업적 : ① 논문 : 「태평양전쟁말기 한 · 일 「地理」교과서 비교 고찰 - 朝鮮總督府 『初等地理』와 文部省 『初等科地理』를 중심으로-」, 『日語日文學』 제76집, 대한일어일문학회, 2017년 11월

② 저서 : 『『國民文學』과 한일작가들』, 도서출판 문, 2011년 9월

③ 저서 : 『잡지 『國民文學』의 詩世界』, 제이앤씨, 2014년 1월

조선총독부 편찬 초등학교 <地理>교과서 번역(上)

초판인쇄 2018년 3월 12일
초판발행 2018년 3월 19일

편 역 자 김순전・박경수・사희영
발 행 인 윤석현
발 행 처 제이앤씨
등록번호 제7-220호
책임편집 안지윤・박인려

우편주소 01370 서울시 도봉구 우이천로 353, 3층
대표전화 (02) 992-3253(대)
전 송 (02) 991-1285
전자우편 jncbook@daum.net
홈페이지 www.jncbms.co.kr

ISBN 979-11-5917-101-7 (94980) 정가 29,000원
979-11-5917-100-0 (전2권)